国家社会科学基金青

媒体暴力
对儿童攻击性水平的影响及教育干预研究

张 骞◎编著

重庆大学出版社

内容提要

本书第 1 章是媒体暴力对儿童攻击性水平影响的元分析。第 2 章针对暴力动画片对儿童攻击性行为的影响进行了介绍。第 3 章针对武器玩具对儿童攻击性行为的短时效应及攻击性动机的中介作用进行了介绍。第 4 章针对暴力视频游戏对儿童攻击性行为的短时效应进行了介绍。第 5 章结合儿童言语攻击的观察与访谈进行了介绍。第 6 章针对亲社会动画情境下儿童攻击性认知与攻击性行为的教育干预进行了介绍。第 7 章针对儿童攻击性行为及其矫正进行了个案介绍。

图书在版编目（CIP）数据

媒体暴力对儿童攻击性水平的影响及教育干预研究 /
张骞编著. --重庆：重庆大学出版社，2022.1
　　ISBN 978-7-5689-2614-0

　　Ⅰ.①媒⋯　Ⅱ.①张⋯　Ⅲ.①暴力—影响—儿童—攻
击行为—研究　Ⅳ.①B844.1

中国版本图书馆CIP数据核字（2021）第204320号

媒体暴力对儿童攻击性水平的影响及教育干预研究
张骞　编著
策划编辑：许璐
责任编辑：许璐　李洋　　版式设计：许璐
责任校对：刘志刚　　　　责任印制：张策

*

重庆大学出版社出版发行
出版人：饶帮华
社址：重庆市沙坪坝区大学城西路21号
邮编：401331
电话：（023）88617190　88617185（中小学）
传真：（023）88617186　88617166
网址：http://www.cqup.com.cn
邮箱：fxk@cqup.com.cn（营销中心）
全国新华书店经销
重庆升光电力印务有限公司印刷

*

开本：720mm×960mm　1/16　印张：13.5　字数：176千
2022年1月第1版　　2022年1月第1次印刷
ISBN 978-7-5689-2614-0　定价：78.00元

绪论

本专著以维护儿童心理健康为引领，探讨了媒体暴力对儿童攻击性水平的影响及其教育干预，总共包括绪论和7章内容。绪论重在介绍总体研究框架。第1章介绍了媒体暴力对儿童攻击性水平影响的元分析（刘一璐，张骞）。第2章介绍了暴力动画片对儿童攻击性行为的影响（张骞，田京巾）。第3章介绍了武器玩具对儿童攻击性行为的影响及攻击性动机的中介效应（张骞）。第4章介绍了暴力视频游戏对儿童攻击性行为的短时效应（张骞）。第5章介绍了儿童言语攻击的观察与访谈（邹云艳，张骞）。第6章介绍了亲社会动画情境下儿童攻击性认知与攻击性行为的教育干预（曹义，张骞）。第7章介绍了儿童攻击性行为及其矫正的个案研究（吴雨潇，张骞）。期望本专著能为儿童攻击性心理及行为的教育干预提供研究参考。

本书可供高校教育学专业、学前教育学专业、心理学专业及儿童卫生保健领域相关从业人员使用，也可供教育学和心理学研究者借鉴和参考。

自序

　　儿童攻击性行为及教育干预（矫正）是儿童发展与教育领域中的重要课题，深受国内外儿童教育学家、心理学家和传媒学者的关注。尽管大多数国内外研究者通过实证研究表明接触媒体暴力（如电视、动画视频、游戏、音乐）是增强攻击性认知、攻击性思维、敌意情绪、生理唤醒和攻击性行为的重要原因，但少有研究者探究媒体暴力对幼儿攻击性心理与行为的影响，特别是开展干预和矫治幼儿攻击性行为的教育实验相对缺失。为此，我与同事、国外儿童心理学界同行（如美国爱荷华州立大学的 Douglas A. Gentile 教授）以及研究生致力于从实验角度探究大众传媒与儿童社会心理和行为的因果关系，期望能为我国儿童攻击性心理与行为的教育干预提供实证依据，促进我国儿童身心健康成长！

　　需说明的是，研究中所使用的媒体材料均是国内外现成的动画片、视频游戏和玩具，考察的是媒体对儿童攻击性水平的即时效应或连续短期效应，主要探明媒体暴力能否在短期对儿童的攻击性心理和攻击性行为产生影响。因此本研究不存在对儿童身心健康造成长期伤害，不涉及严重违背科学的伦理道德问题。为方便研究，3～6 岁的幼儿均按 6 个月以内和 6 个月以上进行四舍五入取年龄整数。

　　作为一名儿童发展与教育研究的从业人员，我带领研究团队聚焦于媒体与儿童攻击性／欺负行为领域的理论构建和实践探索。随着媒体信息化时代的来临，越来越多的儿童接触视频媒体，这些信息媒介对儿童的社会心理与行为正产生重要影响。然而，目前仍有不少教师和家长对媒体与儿童问题行为缺乏专业认识，容易在现实中把儿童模仿媒体角色榜样的攻击行为和欺负行为等同于"开玩笑"。期望本书能切实帮助读者正确认识媒体暴力与儿童攻击性水平的关系，同时了解从亲社会媒体的角度干预儿童的攻击性心理与行为，期盼这些探索性成果能为读者理解大众传媒背景下儿童攻击性心理与行为的教育干预提供有用的信息。

张 骞

2020 年 10 月于西南大学

目录

第1章
媒体暴力对儿童攻击性水平影响的元分析

在本章中，基于媒体暴力与儿童攻击性水平关系的实证研究，采用元分析考察了媒体暴力对儿童攻击性相关变量影响的主效应及调节效应。总共纳入中外文献29篇，包含79个效应值，涉及被试48 092人。这些文献分析结果发现，媒体暴力对儿童攻击性影响的总效应值显著，但相关系数较小（$r = 0.23$），属于弱相关。调节效应表明，媒体暴力与儿童攻击性的关系受媒体类型、测量方式与攻击性指标的调节，与儿童性别无关。部分研究表明，暴力媒体能增强儿童的攻击性水平且影响效果受制于儿童的个体差异。未来可进一步将一般攻击模型和社会学习理论作为理论基础探索暴力媒体与儿童攻击性之间的长时效应，完善攻击性水平测量的实验范式，考察多个调节变量对媒体暴力效应的影响。这些元分析发现将为后续章节进一步聚焦具体媒体暴力与儿童攻击性相关变量的关系奠定坚实的理论基础。

1.1　引言

攻击性行为是指个体故意伤害他人并且受害者试图回避这种伤害的意图及行为（Anderson & Bushman，2002a），攻击性认知、情感和冲动通常被认为是攻击性行为的中介变量。在本研究中，儿童攻击性包括攻击性认知（如攻击性态度、攻击性信念）、攻击性情感（如愤怒、厌恶）和攻击性行为（如身体攻击、言语攻击）。媒体暴力是增强幼儿攻击性行为的核心要素（Anderson et al.，2010；Anderson & Bushman，2001）。在本研究中，媒体暴力是指富含有许多暴力内容和暴力画面的社交媒体，其中主要包括暴力动画片、暴力电视、暴力电影和暴力电子游戏。随着当前社交媒体技术的迅速发展，儿童能接触丰富多样的大众传播媒介（如动画片、视频游戏、电影电视、暴力书刊），初次接触年龄也越来越低龄化（樊丽娜，2017）。据中国互联网信息中心第44次统计报告显示，网民群体中0～10岁的儿童约有3 500万人，占总网民数的4.1%，且该比例近几年来不断上涨。3～6岁儿童攻击性行为的总检出率高达8.83%～11.9%。毋庸置疑，尽管传播媒体给儿童学习娱乐带来了便利，但也可能存在负面效应。

媒体暴力与攻击性之间的关系存在争议。许多实证研究表明，媒体暴力与攻击性水平呈正相关。从媒体暴力对儿童的短时效应来看，研究者采用竞争反应时任务（Competitive Reaction Time Task，CRTT）考察了动画暴力对儿童攻击性水平的影响，发现动画暴力组比控制组表现出更高水平的攻击性认知和行为（Zhang et al.，2019）；使用七巧板范式考察暴力视频游戏对儿童攻击性行为的影响，结果发现玩暴力视频游戏的儿童表现出更多的攻击性行为（李梦迪 等，2016）；且存在性别差异（Gentile & Saleem，2012）。此外，观看暴力动画视频能预测儿童现实中的攻击性水平（Soydan et al.，2017）。媒体暴力对幼儿心理健康可能产生累积性的负面效应（Krahé，2012）。一项进行2年的追踪研究发现，过度沉溺于视频游戏的儿童表现出更多的攻击性行为，且这种影响以攻击性认知为中介（Gentile et al.，2011；2014）。此外，7～11岁儿童在长期接触电视、玩视频游戏后，会模仿其中暴力内容，导致言语攻击增加（Mitrofan & Paul，2014）。另外，如元分析表明，媒体暴力使用与个体的攻击性水平呈正相关（Anderson et al.，2010）。安德森等归纳总结了媒体暴力对个体攻击性的影响，在42项独立测试中，平均效应值为 $r = 0.17$。这一结果在统计学上十分重要，涉及近5 000名参与者的这种正性影响在不同类型媒体与攻击性之间同样适用，且无论被试的年龄大小与性别。如暴力视频游戏对个体攻击性行为、攻击性情感和攻击性认知影响的效应值分别是0.19（$k = 140$，$N = 68\ 313$），0.14（$k = 62$，$N = 17\ 370$），0.16（$k = 95$，$N = 24\ 534$）（Anderson et al.，2010）。暴力电视对个体攻击性影响的效应值为0.19（$k = 217$，$N = 1\ 142$）（Paik & Comstock，1994）。以美国爱荷华州立大学和俄亥俄州立大学的研究团队为代表的学者提出的一般攻击模型（General Aggression Model，GAM）作为媒体暴力与攻击性呈正相关的理论模型。GAM指出，媒体暴力作为情境变量（输入变量），通过影响个体攻击性认知、情感等内部过程促进个体攻击性行为的发生。

然而，有部分研究并未发现媒体暴力对个体攻击性的负面效应。如这些批评者通过元分析表明，媒体暴力与个体攻击性相关微弱，甚至仅为零效应。如弗格森（Ferguson，2008，2009，2015）通过实证研究和对101篇文献进行元分析，得出实验中暴力视频游戏与个体攻击性的效应量为 $r = 0.06$，证明媒体暴力对个体攻击性的作用并不明显。马基

（Markey，2015）发现媒体暴力与攻击性的关系是由其他外部变量（如心理健康、特质攻击）导致，与媒体暴力的关联并不大。此外，引起玩家攻击性变化的不一定是游戏中的暴力内容，可能仅是玩家在游戏中的输赢频率。希尔加德（Hilgard et al.，2017）通过元分析发现，持有媒体暴力与攻击性有正相关观点的学者存在发表偏向，认为媒体暴力内容只会影响个体攻击的具体类型，但不会促进攻击行为的出现。

此外，在媒体暴力与攻击性关系的调节效应方面，已有元分析重点考察了总效应值与不同因变量指标（如攻击性认知、攻击性行为、攻击性情感）的效应值大小，缺乏对其调节变量的分析，本研究纳入以下几种调节变量：①性别。已有文献表明，男孩较女孩更长时间使用电子产品、接触各种媒体且男性对媒体暴力更感兴趣，也更易受到媒体暴力的影响（熊雪芹 等，2019）。男孩喜欢观看的动画的暴力血腥程度也明显高于女孩，$t（77）= 2.242，p < 0.05$（宁红 等，2014）。Gentile（2011）在对儿童进行了两年的追踪实验后也发现，男孩在视频游戏上花费的时间较女孩更长，也更频繁接触到其中的暴力内容。可见，媒体暴力对儿童攻击性结果变量上存在性别差异。②媒体暴力类型。不同类型的媒体暴力对儿童攻击性的影响程度有较大的差异。宁红等（2014）比较了动画与真人暴力视频对儿童攻击性的影响，结果显示动画视频导致儿童的外显攻击性显著增加，而真人视频与儿童的攻击性行为并无明显相关性。③测量方式。当前对攻击性的测量方式主要有量表法和行为实验法。其中量表法主要包括测量攻击性规范信念、敌意期待等攻击性指标的自陈问卷，同伴与教师的提名等（Huesmann et al.，2003）；实验法主要包括波波玩偶实验（Stephen，2003）、辣椒酱实验（杨丹，2016）、七巧板任务（Saleem et al.，2012）、词汇选择任务（Gentile et al.，2017）。但这两种测量方式的信效度差异巨大。④攻击性水平

指标。基于已有研究，攻击性认知、攻击性行为、攻击性情感是衡量攻击性水平的主要指标（Anderson et al.，2010），并且攻击性认知通常采用词汇决定任务或语义分类任务的反应时为客观指标（Zhang et al.，2019），攻击性情感主要以愤怒为客观指标（Shibuya et al.，2008），攻击性行为主要采用竞争反应时任务的噪声或辣椒酱任务中的辣酱数量为客观指标（Anderson & Murphy，2003）。尽管上述研究者探讨了媒体暴力与攻击性相关变量的关系，但大多研究聚焦于青少年群体，针对年龄较小的儿童群体（如幼儿）较少。因此，我们通过元分析探讨媒体暴力与儿童攻击性的关系，为媒体暴力与儿童攻击性领域提供研究参考。

综上，本研究将通过元分析技术解决如下问题：①通过元分析技术考察暴力媒体对儿童攻击性影响的主效应；②研究性别、暴力媒体类型、测量方式、攻击性指标 4 个调节变量在媒体暴力与儿童攻击性间的调节作用。

1.2　方法

1.2.1　文献搜集

本研究检索词主要基于以往研究的篇名、关键词等来确定，检索条件为篇名。英文文献主要将关键词 violent television、violent game、violent cartoon、violent video、violent media 等分别与 children aggression、aggressive children 等进行联合检索，数据库包括 PsycINFO、Web of Science、Wiley Online Library 等。考虑到视频游戏的更新换代，本研究有关暴力视频游戏的文献选自 1995 年后使用"第三代"暴力视频游戏的文献（Carnagey，et al.，2004）。中文文献主要使用关键词暴力媒体、暴力视频、暴力电视、暴力游戏等分别与儿童攻击行为、儿童反社会行为、儿童攻击性等进行检索，检索数据库包括维普电子期刊、CNKI中国知网期刊全文数据库、万方数据库等。并且本研究还通过文献回溯法、百度学术搜索的方式进行查漏补缺。

1.2.2　文献的纳入与排除

本文主要按照以下几个标准进行文献筛选：①研究必须考察暴力媒体（暴力电视电影、暴力动画、暴力视频游戏）对儿童攻击性（攻击性行为、攻击性认知、攻击性情感）的影响；②研究中应对暴力媒体进行操纵或考察，设置实验组与控制组，实验组使用暴力媒体，控制组使用非暴力媒体；③文献需明确提供被试基本信息与研究方法，详细报告统计信息（如样本量、均值、标准差或df值、t值等），且依据所给信息可求得效应量；④对文献中的每一份独立样本进行单独编码，每个独立样本只编码一次，对应一个效应值；⑤两篇或多篇文献中的研究数据不能重复，若使用相同研究数据，则根据研究的完成度与发表时间，选择其中一篇进行编码分析；⑥被试皆为生理、心理状态正常的儿童，排除残疾儿童样本。最终纳入元分析的文献共29篇，共计79个效应量，涉及被试48 092人。这29篇文献中，共包括中文文献3篇，共计10个效应量；英文文献26篇，共计69个效应量。

1.2.3　文献编码

经文献筛选，对符合要求的文献按变量依次进行编码，详见表1-1。鉴于要考察媒体暴力对儿童攻击性影响的多样性，在编码时不仅要记录每个实证研究的基础数据，还需要将被试儿童的性别比例、媒体类型等作为调节变量进行分析。因此按照文献信息（第一作者名和发表时间）、攻击性指标（攻击性行为、攻击性情感、攻击性认知）、暴力媒体类型（暴力电视电影、暴力动画、暴力游戏）、测量类型（量表、实验）等分类进行记录。

表 1-1 纳入元分析的原始统计量

作者	N	男性 /%	媒体 类型	指标	测量 类型	r
Saleem et al., 2012 a	191	54.5	G	B	E	0.11
Saleem et al., 2012 b	105	0	G	B	E	0.23
Saleem et al., 2012 c	105	0	G	C	S	0.21
Saleem et al., 2012 d	127	100	G	C	S	0.3
Saleem et al., 2012 e	105	0	G	C	S	0.21
Saleem et al., 2012 f	127	100	G	C	S	0.26
Li et al., 2012	2 998	72.7	G	C	S	0.13
李梦迪 等, 2016 a	46	100	G	B	E	0.11
李梦迪 等, 2016 b	44	0	G	B	E	0.03
李梦迪 等, 2016 c	46	46	G	B	E	0.07
李梦迪 等, 2016 d	44	0	G	B	E	0.16
李梦迪 等, 2016 e	49	100	G	B	E	0.13
李梦迪 等, 2016 f	41	0	G	B	E	−0.19
Gentile et al., 2017	136	49.3	G	C	E	0.24
Funk et al., 2003	76	64.5	G	C	E	0.11
杨丹, 2016 a	86	100	G	B	E	0.25
杨丹, 2016 b	72	0	G	B	E	0.05
Shibuya et al., 2008 a	289	100	G	B	S	0.37

续表

作者	N	男性/%	媒体类型	指标	测量类型	r
Shibuya et al., 2008 b	302	0	G	B	S	0.41
Shibuya et al., 2008 c	289	100	G	A	S	0.51
Shibuya et al., 2008 d	302	0	G	A	S	0.51
Shibuya et al., 2008 e	289	100	G	C	S	0.48
Shibuya et al., 2008 f	302	0	G	C	S	0.55
Ji Hae Jung et al., 2014	118	50	G	B	S	0.12
Fleming et al., 2001	71	50.7	G	A	S	0.36
Meyers, 2003 a	72	100	V	C	S	0.24
Meyers, 2003 b	72	100	V	C	S	0.15
Meyers, 2003 c	72	100	V	B	E	−0.31
Meyers, 2003 d	72	100	V	B	E	−0.07
Meyers, 2003 e	72	100	G	C	S	0.27
Meyers, 2003 f	72	100	G	C	S	−0.4
Meyers, 2003 g	72	100	G	B	E	−0.3
Meyers, 2003 h	72	100	G	B	E	0.16
Hapkiewicz et al., 1971 a	20	100	C	B	E	−0.32
Hapkiewicz et al., 1971 b	20	0	C	B	E	−0.03
熊雪芹, 2019 a	414	100	M	B	S	0.04
熊雪芹, 2019 b	454	0	M	B	S	0.15
Zhang et al., 2019 a	3 000	50	C	C	S	0.13
Zhang et al., 2019 b	3 000	50	C	B	E	0.17
Krahé et al., 2011 a	848	100	M	B	S	0.09
Krahé et al., 2011 b	837	0	M	B	S	0.17
Krahé et al., 2010 a	1 234	48.5	M	B	S	0.4

续表

作者	N	男性 /%	媒体 类型	指标	测量 类型	r
Krahé et al., 2010 b	1 229	48.5	M	B	S	0.45
Krahé et al., 2010 c	1 234	48.5	M	B	S	0.21
Krahé et al., 2010 d	1 230	48.5	M	B	S	0.25
Gentile et al., 2009 a	727	73	G	C	S	0.26
Gentile et al., 2009 b	727	73	G	C	S	0.34
Huesmann et al., 2003 a	151	100	V	B	S	0.18
Huesmann et al., 2003 b	174	0	V	B	S	0.28
Gentile et al., 2014 a	3 034	73	G	B	S	0.18
Gentile et al., 2014 b	3 034	73	G	B	S	0.39
Anderson et al., 2008 a	181		G	B	S	0.34
Anderson et al., 2008 b	1 050		G	B	S	0.23
Anderson et al., 2008 c	364		G	B	S	0.4
Hopf et al., 2008	314	58	M	B	S	0.48
Vonsalisch et al., 2011 a	324	47.8	G	B	S	0.23
Vonsalisch et al., 2011 b	324	47.8	G	B	S	0.28
Wallenius et al., 2009 a	136	100	G	B	S	0.28
Wallenius et al., 2009 b	180	100	G	B	S	0.12
Mößle et al., 2014 a	472	0	V	B	S	0.2
Mößle et al., 2014 b	472	0	V	B	S	0.13
Mößle et al., 2014 c	472	0	G	B	S	0.18
Mößle et al., 2014 d	472	0	G	B	S	0.2
Mößle et al., 2014 e	472	100	V	B	S	0.21
Mößle et al., 2014 f	472	100	V	B	S	0.24
Mößle et al., 2014 g	472	100	G	B	S	0.16

续表

作者	N	男性/%	媒体类型	指标	测量类型	r
Mößle et al., 2014 h	472	100	G	B	S	0.21
Boulton, 2012	64	50	V	C	S	0.37
Coker et al., 2015 a	5 147		V	B	S	0.17
Coker et al., 2015 b	5 147		G	B	S	0.15
Gentile et al., 2011 a	430	51	M	C	S	0.16
Gentile et al., 2011 b	430	51	M	B	S	0.4
Gentile et al., 2011 c	430	51	M	B	S	0.25
Nazari et al., 2013 a	424	50.5	V	A	S	0.38
Nazari et al., 2013 b	424	50.5	V	C	S	0.38
Ruh Linder et al., 2012 a	103	50.5	M	C	S	0.21
Ruh Linder et al., 2012 b	103	50.5	M	C	S	0.31
Tarabah et al., 2016 a	219		V	C	S	0.21
Tarabah et al., 2016 b	219		V	C	S	0.23

注：（1）同一研究若包含多个独立样本，以发表时间后的小写字母进行区分。（2）G表示暴力游戏，V表示暴力电视电影，C表示暴力动画。（3）A表示攻击性情感，B表示攻击性行为，C表示攻击性认知。（4）S表示量表法，E表示实验法。

1.2.4 数据处理与分析

1）效应量

采用Comprehensive Meta Analysis 3.3（CMA 3.3）软件对数据进行编码与元分析。标准化平均值（d）和相关系数（r）是元分析常用的效应量，本研究选取相关系数（r）作为效应量。计算效应量的目的在于整合自变量与因变量之间的关系（郑昊敏 等，2011）。由于原始文献中包含多种统计方法，统计结果表述也较多样，因此本研究先依据报告所给样本量、自由度（df值）、均值、标准差等数据计算相关系数 r 后导入CMA软件，进行后续数据统计与分析。

2）模型选定

目前大部分元分析是从固定效应模型和随机效应模型中选择其一作为基础进行统计分析。固定效应模型通常用于纳入文献背后只有一个真效应量，且由于抽样误差才导致各研究得出的效应量不同的研究。而随机效应模型则认为真效应量不同，被试群体、实验范式等差别都会与抽样误差一起导致研究效应量的不同。由于本研究选取的文献在媒体类型、测量方式等诸多方面存在差异，这些差异很有可能影响暴力媒体对儿童攻击性作用的有效性，且本文研究目的之一就是探讨各调节变量对效应量的影响，因此选取随机效应模型对暴力媒体的作用进行元分析更为合适。同时，采用异质性检验进一步判断随机效应模型的合理性。

1.3　结果

1.3.1　主效应检验

将媒体暴力对儿童攻击性影响的主效应进行随机效应模型分析。从表1-2的统计结果可以发现，平均效应量 r 值为0.23（$p < 0.001$），且95%置信区间的下限大于0，即相较于非暴力媒体，接受媒体暴力的儿童确实会表现出更积极的攻击性，且效应值中等。

表 1-2　媒体暴力对儿童攻击性影响的主效应检验

模型	独立样本	N	效应值及 0.95 的置信区间			双侧检验	
			点估计	下限	上限	z 值	p 值
随机效应	79	48 092	0.23	0.20	0.26	14.52	0.00

1.3.2 异质性检验

对纳入数据进行异质性检验，统计结果详见表1-3。同质性检验Q值为762.14（$p < 0.001$），I^2值为89.77%，表明在媒体暴力和儿童攻击性之间的关系中89.77%的变异是由其中的真正差异引起的。结合希金斯等（Higgins et al., 2003）的标准（当I^2>75%时，随机模型的异质性程度高）可知，本研究的异质性较高，文献之间的真实差异不可忽视，因此采取随机效应模型是合理的，符合之前推论。除此之外，效应量的高异质性意味着媒体暴力对儿童攻击性的影响可能存在潜在的调节变量（Kolbe & Cooper, 1991）。因此，需要对统计结果做进一步的调节效应检验。

表 1-3　异质性检验

模型	独立样本	异质性				Tau-squared			
		Q 值	df(Q)	p 值	I-squared	Tau-squared	SE	方差	Tau
随机效应	79	762.14	78	0.00	89.77%	0.02	0.01	0.00	0.12

1.3.3 调节效应检验

在本研究中，分别就暴力媒体类型、被试儿童性别、攻击性指标和测量方式是否调节媒体暴力对儿童攻击性的影响进行了检验，结果如表1-4所示。从整体来看，四个调节变量对媒体暴力与儿童攻击性间的影响显著。从性别比例上来看，男性所占比例为40%以下，40% ~ 70%和70% ~ 100%，对应的效应值分别为0.23，0.27，0.18（p <0.001）。男性所占比例与效应值大小间并无明显相关性。从媒体类型来看，不同的媒体暴力显著调节了对攻击性的诱发效应（p <0.05），暴力游戏

的效应值比暴力电视电影和动画高（$r = 0.24$，0.21，0.14）。从测量类型上看，测量方式的不同也显著调节了媒体暴力影响的效应值（$p < 0.001$），量表法的效应量比行为实验法的效应量高且显著（$r = 0.26$，0.06）。从攻击变量来看，攻击性指标间存在显著差异。攻击性情感的效应值明显高于攻击性行为与攻击性认知（$r = 0.45$，0.21，0.25），且三者都在0.001的水平上显著。

表1-4　调节变量随机模型分析

调节变量	同质性分析			类别	独立样本	效应值及95% 置信区间			双侧检验	
	Q 组间	df	p			点估计	下限	上限	z	p
男性比例	5.02	2	0.08	40% 以下	18	0.23	0.15	0.30	5.59	<0.001
				40% ~ 70%	23	0.27	0.22	0.33	9.34	<0.001
				70% ~ 100%	31	0.18	0.13	0.24	6.10	<0.001
媒体类型	7.36	2	0.03	电视电影	16	0.21	0.15	0.26	7.04	<0.001
				游戏	45	0.24	0.19	0.28	10.27	<0.001
				动画	4	0.14	0.09	0.20	5.02	<0.001
测量类型	22.92	1	<0.001	量表法	60	0.26	0.23	0.30	15.20	<0.001
				实验法	19	0.06	−0.02	0.14	1.51	0.13
攻击变量	26.32	2	<0.001	攻击性行为	52	0.21	0.17	0.24	11.18	<0.001
				攻击性情感	4	0.45	0.37	0.53	9.59	<0.001
				攻击性认知	23	0.25	0.18	0.31	7.59	<0.001

1.3.4　出版偏差

出版偏差（publication bias）是指在同类研究中，具有统计学意义的研究比不具有统计学意义的研究更易被出版和发表。本研究选取了Egger test和漏斗图评价出版偏差。从Egger检验来看，t（77）= 0.71，

$p = 0.24$，意味着存在发表偏差的可能性较小。漏斗图如图1-1所示，可以看出本研究所选文献大部分位于漏斗图顶端，样本量大且误差小；同时，所有文献较为均匀地分布在平均效应值两侧，也证明了本文出版偏差影响较小。综上，可认定本研究的元分析不存在较大的出版偏差。

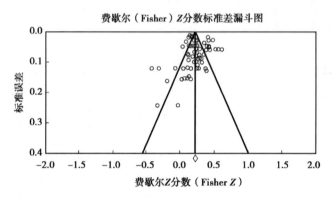

图 1-1　媒体暴力影响儿童攻击性水平出版偏差的漏斗图

1.4　讨论

1.4.1　媒体暴力对儿童攻击性的主效应分析

元分析结果初步显示媒体暴力对儿童攻击性有较弱的诱发作用。根据元分析主效应的结果，媒体暴力与儿童攻击性呈显著的正相关，且效应值中等（$r = 0.23$，$k = 79$，$N = 48\ 092$）。该结果与布什曼（Bushman，2006）和安德森（Anderson，2010）的研究结果基本一致。布什曼发现媒体暴力对个体攻击性行为影响的效应量为0.19（$k = 262$，$N = 48\ 430$），对攻击性认知影响的效应量为0.18（$k = 140$，$N = 22\ 967$），对攻击性情感影响的效应量为0.27（$k = 50$，$N = $

4 838）。综上，本研究主效应的结果证明了媒体暴力对儿童的攻击性水平有促进作用，且效应中等，该研究结果支持了社会学习理论和一般攻击模型。

1.4.2　调节效应分析

1）性别

随着被试儿童中男性比例的不断提升，效应值先增后减，且$p = 0.08$，表示性别在媒体暴力与儿童攻击性之间的调节作用不显著。这与过去的研究结果不同。过去的研究认为，对媒体暴力内容的偏好存在较大的性别差异，男性比女性更容易被媒体暴力吸引（Kirsh, 2006），也有证据表明男性的身体攻击多于女性（Salmivalli & Kaukiainen, 2004；Toldos, 2005），但这并不一定表明男性和女性对媒体暴力的易感性方面也存在差异。媒体暴力与攻击行为之间的相关很强，甚至包括了性别的调节因素，这可能是性别这一调节变量作用不显著的原因。

2）媒体类型

媒体暴力类型的调节效应分析中，暴力游戏、电视电影和动画对儿童攻击性影响的调节效应均显著，且暴力游戏组的效应值高于动画与电视电影组，证明相对于暴力动画和电视电影，暴力游戏对儿童攻击性的影响较强。该结果与现有部分实证研究相吻合（Dominick, 1984；郭鹏举, 2015）。多米尼克认为，相比暴力电视与动画片的被动观看情境，儿童在主动操控暴力游戏时注意力更为集中，且在游戏中使用暴力行为获得分数奖励，不断增强了儿童的攻击性水平。

3）测量类型与攻击性指标

有关媒体暴力对儿童攻击性影响的实证研究通常采用量表法与

实验法进行检测。其中，实验法通常采用的范式包含辣椒酱任务、七巧板任务、波波玩偶实验等。此外，研究者还采用竞争反应时任务（Competitive Reaction Time Task，CRTT）和词汇决定任务（Lexical Decision Task，LDT）来间接测量实验情境中儿童的攻击性行为。通过本研究的分析表明，量表法较实验法的施测方式效应量更高且关系更显著。分析原因可能有以下两点：第一，实验范式标准化不够。虽然大部分实验范式信效度较高，但在具体使用时，其标准化程度仍然存在问题。以辣椒酱实验为例，实施程序是先调查被试的口味，然后将假的口味表（对方很怕吃辣）、辣椒酱分给被试儿童，观察儿童在实验后会决定给另一位被试分配多少辣椒酱。但在具体实施过程中，由于辣椒酱的总量、分配前是否品尝过辣椒酱、用语言描述还是具体分配等问题并没有得到统一（李祖娴，2010；杨丹，2016；李航，2016），影响了实验结果的准确度，所以导致实验效应低于量表测试效应。第二，实验室的研究结果回避了现实环境的自然性和复杂性，通常只能调查几分钟的短期影响，对儿童现实中的攻击性变化反应不大（Barlett et al.，2009），因此行为实验法这一调节变量的效应值只能呈边缘性显著，这可能是真实验研究效应低于量表测量的又一原因。

　　本研究表明，媒体暴力对不同攻击性衡量指标的效应量不同，以攻击性情感为因变量的效应量显著高于以攻击性行为和认知为因变量的研究。相比攻击性行为，攻击性认知的测量较多使用了量表法，且量表多为Buss-Perry（Buss-Perry Aggression Questionnaire，BPAQ）（1992）与休斯曼和格拉（Huesman & Guerra，1997）提出的攻击规范信念量表，两种量表的信效度较高。而测量攻击性行为的实验范式种类较多，信效度不均，其有效性有待检验，这可能是造成攻击性行为效应量较小的原因。此外，攻击性情感的效应值较大的原因可能是纳入的相关文献较少，无充分说服力，需要通过后续的研究进一步明确媒体暴力对攻击性情感产生的作用。

1.4.3　研究局限与展望

本研究采用元分析技术考察了媒体暴力对儿童攻击性水平影响的主效应以及性别、媒体暴力类型、测量方式和攻击性指标对媒体暴力与儿童攻击性关系的调节效应。然而，由于人力物力限制，本研究还存在以下局限：第一，尽管纳入的文献避免了出版偏差影响，但由于检索能力和语言限制，仍有少部分文献（如法国、日本）未能纳入本研究中。第二，在对调节效应进行分析时，部分调节变量的样本量较少，样本分布不够均匀，这可能在一定程度上影响对调节变量的研究结果。第三，虽然本研究明确了媒体暴力与儿童攻击性之间存在的相关关系，也针对儿童性别、媒体暴力类型、测量类型和测量指标的调节变量进行了分析，但这一相关是否会受到其他情境变量（如媒体时长）与个体变量（如人格、特质攻击、年龄）的影响还有待进一步探究。

1.5　结论

本研究获得如下结论：①媒体暴力与儿童攻击性间存在显著的正相关；②媒体暴力对儿童攻击性的影响受媒体暴力类型、测量类型和攻击性指标的调节，媒体暴力对儿童攻击性的影响不受性别变量的调节。具体表现为暴力游戏比暴力电视电影和暴力动画片对儿童攻击性影响的效应量更大，使用量表法进行测量的效应值比实验法更高，媒体暴力对攻击性情感影响的效应值大于攻击性认知和攻击性行为。

第2章
暴力动画视频对儿童攻击性行为的影响

　　基于第1章表明的媒体暴力与儿童攻击性水平的相关性，本章主要介绍暴力动画视频和非暴力动画视频对幼儿攻击性行为的影响，采用辣椒酱实验范式测量攻击性行为，旨在考察暴力动画视频对幼儿攻击性行为的短时效应。随机抽取重庆市辖区内三所幼儿园176名5～6岁幼儿（女＝88，5岁＝88）参与实验，88名幼儿观看暴力动画视频，88名幼儿观看非暴力动画视频。结果发现：①观看暴力动画视频组幼儿比非暴力动画视频组幼儿有更高的攻击性行为；②男生在暴力动画视频条件下的攻击性行为显著高于女生，而非暴力动画视频条件下幼儿的攻击性行为不存在显著的性别差异；③暴力动画视频条件下幼儿的攻击性行为不存在显著的年龄差异。本研究表明，国外暴力动画视频是影响幼儿攻击性行为的重要情境变量，性别是暴力动画视频情境下调节幼儿攻击性行为的重要个体变量。

2.1　引言

攻击性行为是指施暴者企图故意伤害他人的不良行为，被害者努力避免受到这种目标性伤害（Anderson & Bushman，2002；Geen，2001；Krebs & Hesteren，1994）。考虑到伦理原因，本研究采用攻击性行为的替代性测量方法——辣椒酱实验范式。我们将攻击性行为操作性定义为：幼儿在观看暴力动画视频后完成辣椒酱范式中，故意为他人设置的辣椒酱数量等级。辣椒酱数量设置的等级越高，攻击性行为水平越高；辣椒酱数量等级设置水平越低，则攻击性行为水平越低。已有研究发现，媒体暴力是儿童攻击性行为产生的重要因素之一（Anderson & Bushman，2002）。随着媒体科技的发展，动画视频已成为幼儿喜闻乐见的学习和娱乐媒介，动画视频与幼儿的关系日益密切。动画视频是采用逐帧拍摄对象并连续播放而形成运动的影像技术，集合了绘画、电影、数字媒体、摄影、音乐、文学等众多艺术门类（贾否，2010）。暴力动画视频从暴力内容和画面凸显了凶残和恐怖的影视特征（Kirsh，2006），如《超级监狱》《越狱兔》《飞出个未来》《恶搞之家》和《危险朋友》。基于已有研究关于非暴力媒体视频的相关界定（Gentile，2011；Greitemeyer & Cox，2013；Zhang et al.，2019），我们认为非暴力动画视频是指不含任何暴力内容和画面的儿童影视作品，如《小猪佩奇》《汪汪队立大功》《万能阿曼》《小黄人大眼萌》和《海绵宝宝》。

当前，动画视频中的暴力镜头屡见不鲜，少数儿童模仿动画视频中的不当情节而酿成悲剧，引发关于法律责任归属的热议（江晓清，2013）。一方面，幼儿是动画片的主动受众。幼儿不仅接触动画视频本身，而且欣然接受与动画有关的消费娱乐产品，动画视频中蕴含的文化价值也潜移默化地对他们造成影响，部分幼儿成了"动画痴""动画迷"。另一方面，部分动画视频存在的不良镜头也会引起幼儿言语和动作模仿，对其社会认知和社会行为产生了负面效应。部分从欧美和日本等国家引进的动画片具有高暴力色彩倾向，对我国儿童的暴力性倾向有较大影响，应引起高度警惕（杜嘉鸿，刘凌，2012；任频捷，2002；赵津晶，2003）。倘若儿童青少年对国外动画片的认可度高，对国内种种现象不太认同，产生的认同困惑将影响他们社会行为的多个层面（周敏，2014）。同时，我国社会学者认为，动画媒介迅疾地影响改变了我国儿童青少年的社会行为，加强微媒体时代下儿童青少年社会心态和行为分析显得十分必要（胡玉宁，朱学芳，2016；周晓虹，2016）。

社会学习理论认为，儿童观察模仿榜样人物的攻击性行为，通过替代性（间接）强化自身攻击行为，包括自动化模仿和延迟模仿（Bandura，1973）。一般攻击模型指出，观看媒体暴力将显著增强个体的攻击性认知、攻击性思维、敌意情感、生理唤醒和攻击性行为（Anderson & Bushman，2018）。然而，另有批评者反对上述支持"媒体暴力与攻击性有正相关"的理论，认为媒体暴力与攻击性结果变量的相关微弱乃至零相关。他们据此提出了催化剂模型，认为媒体暴力不是导致攻击性行为的决定性因素，媒体暴力对攻击性行为只具有催化功能（Ferguson & Dyck，2012）。可见，媒体暴力与攻击性行为之间的关系尚存争议。观看暴力动画视频如何影响我国幼儿的攻击性行为？这种影响与西方儿童发展心理学家揭示的"媒体暴力具有负面效应"一致吗？这些研究问题值得我国发展心理研究者通过实验加以探究，澄清动画视频媒体对我国幼儿攻击性行为的影响，为科学有效地干预幼儿攻击性行为提供实验证据。

国外研究表明：观看暴力动画视频能预测儿童现实中的攻击性行为（Büyüktaskapu et al.，2017；Du，2016；Kirsh，2006）；观看暴力动画视频的时间与幼儿攻击性行为频率呈显著正相关，长期观看暴力动画视频的幼儿出现暴力行为的概率大大增加（Klopfer，2002；Sanson & Muccio，1993；Sprafkin，Gadow & Grayson，2010）。国内研究表明：媒体暴力对儿童青少年的攻击行为具有负面影响（邢淑芬 等，2015；曾凡林 等，2004）；暴力动画片比非暴力动画片更能显著启动幼儿的攻击性认知（张骞，2020），暴力动画片造成了儿童对现实暴力的认知偏差和行为偏差（王亚琳，2016），并大大增强了儿童在现实中出现的攻击行为（何国强，2015；辛自强，池丽萍，2004；张胜芳，丁艳云，2011）。动画片的暴力画面将阻碍学前儿童的社会化认知发展（刘瑞，2017）。可见，国内外研究者对动画片与攻击性行为的关系有一定探讨，为从实验角度探讨动画视频与我国幼儿攻击性行为的因果关系奠定了基础。鉴于国内外学者对暴力动画视频与攻击性行为结果正相关的探讨，我们提出研究假设1：*与非暴力动画视频相比，观看暴力动画视频将显著增强幼儿的攻击性行为。*

已有研究表明，男性对身体攻击的知觉偏向高于女性，而女性则偏向于关系攻击而不是身体攻击（Cross & Campbell，2012；Lansford et al.，2012；Mcintyre et al.，2007；Salmivalli & Kaukiainen，2004；Smith & Waterman，2005）。男性比女性更容易受到媒体暴力的影响，男性比女性表现出更多的攻击性思维和敌意情感（Bartholow & Anderson，2002；Hoeft et al.，2008）。在现实生活中，男生比女生更常使用身体和言语攻击，大多数男生似乎比女生更倾向于选择暴力方式来解决冲突（Boutwell et al.，2011；Toldos，2010）。然而，部分研究者认为攻击性行为差异仅有5%是由性别引起的，要谨慎诠释和推论媒体暴力情境中的性别差异（Ballard & Robert，1999；Hyde，1984）。综上，媒体暴力情境下攻击性行为的性别差异存有争议，结合众多文献分析和现实中男女攻击性行为差异表现，我们提出研究假设2：**男生观看暴力动画视频后的攻击性行为将显著高于女生**。

现有研究发现，年龄与身体攻击呈负相关，但与关系攻击呈正相关（Smith et al., 2013）。其中，儿童攻击性行为随着年龄增长呈曲线形发展，身体攻击随着年龄的增长而减少（Lindeman et al., 1997；Tsorbatzoudis et al., 2013）。研究表明，从年龄角度考虑儿童青少年身体、言语和关系攻击的发展路径十分重要（Hayward & Fletcher, 2003；Toldos, 2010）。我国3～6岁幼儿抑制控制能力随着年龄增长而快速发展，幼儿攻击性行为的发展趋势是从小班到中班逐渐递增的，而中班到大班则逐渐减少（赵孜，2018）。可见，作为个体变量的年龄与幼儿攻击性行为存在负相关。鉴于此，我们提出研究假设3：**5岁幼儿在暴力动画视频条件下的攻击性行为将显著高于6岁幼儿**。

基于一般攻击模型将自变量分为情境自变量和个体自变量（Anderson & Bushman, 2018），结合我国学者对实验自变量分为刺激特点自变量和被试特点自变量（朱滢，2000），在本研究中，刺激特点（情境）自变量为动画视频，被试特点（个体）自变量为性别和年龄，因变量是攻击性行为。由于一般攻击模型是系统诠释"媒体暴力对攻击性行为影响机制"的理论框架，认为情境自变量和个体自变量通过认知、情绪和生理唤醒影响攻击性行为结果。基于此，本研究假定动画视频、性别和年龄将影响幼儿的攻击性行为结果。

由于媒体暴力情境下的儿童攻击性行为受制于多元文化的影响（Browne & Hamilton, 2005），动画视频效应不能简单复制西方学者的研究成果，应立足我国幼儿的切身实际进行探究。相比以往研究，本文的创新点在于专门遴选出国外有暴力内容和暴力画面的动画视频材料，尝试从实验法考察观看暴力动画视频对我国幼儿攻击性行为影响的总体和个体差异，为动画制作商、媒体传播者、家长、教师和政策制定者谨慎选择动画视频和干预幼儿攻击性行为提供研究参考。

2.2　方法

2.2.1　被试

2019年秋季学期，随机整群抽取重庆市辖区三所幼儿园的176名5～6岁大班幼儿（男 = 88，5岁 = 88）。其中88名被试被随机分配观看暴力动画视频，为实验组；其余88名被试被随机分配观看非暴力动画视频，为控制组。所有被试均为右利手，且在实验过程中全程参与，没有任何一名被试终止实验。

2.2.2　实验设计

采用2（动画视频：暴力 vs. 非暴力）×2（性别：男 vs. 女）×2（年龄：5岁 vs. 6岁）组间实验设计。动画视频、性别、年龄是自变量，攻击性行为是因变量。

2.2.3　动画视频材料

在本实验中，动画视频中的暴力情节和内容涉及身体攻击、言语攻击，非暴力动画视频不涉及身体攻击、言语攻击。鉴于我国学者对国外动画片可能对儿童心理发展负面影响的批判（任频捷，2002；赵津晶，2003），我们主要选取国外动画片《越狱兔》《超级监狱》《再生侠》《小猪佩奇》《汪汪队立大功》《万能阿曼》作为动画视频材料。日本动画片《越狱兔》讲述了两只兔子与狱警展开的笑闹斗争，包括狱警欺负兔子和兔子对狱警进行暴力反击的情节。美国动画片《超级监狱》讲述了超级监狱是全宇宙最为庞大及残酷的监狱，它被建造在一座活火山上。这里每天都会发生骚乱与谋杀、暴力与暴乱，却无人能够逃离这里。美国动画片《再生侠》讲述了人类死亡堕入地狱后由于具备某些特质而被地狱魔王（Malebolgia）挑选出来的一类人，被魔王赋予超强的能力与不死之身，在被抹除记忆后送回人间为魔王召集人马。他们回到人间的任务就是夺走世间穷凶极恶之辈的生命，把他们的灵魂带往地狱，使之成为魔王军团的一员，从而壮大魔王军团的声威和实力。英国动画片《小猪佩奇》，在"募捐长跑"中讲述了猪爸爸通过长跑给佩奇所在幼儿园凑修房顶的钱；在"中间的小猪"中讲述了佩奇、乔治、猪妈妈和猪爸爸一起玩扔球接球的游戏。美国动画片《汪汪队立大功》，在"狗狗拯救市长大赛"中讲述了莱德组织汪汪队帮助古微市长修船，阻止了韩迪纳市长作弊，并帮助古微市长成功赢得比赛的过程。美国动画片《万能阿曼》，在"救难小英雄"中讲述了阿曼和他的工具们赶过去修学校的攀爬架最后解救被困儿童的故事。

基于已有媒体暴力接触持续时间的效度研究（Adachi & Willoughby，2011；Barlett et al., 2009），每部动画视频时长为10分钟。邀请12名动漫专业学生、36名学前教育专业本科生、24名心理学研究生、18名学前教育专业研究生、12名学前教育专业教师和18名幼儿家长进行动画视频暴力程度的5级计分评定（1 = 非常不同意，2 = 不同意，3 = 不清楚，4 = 同意，5 = 非常同意），暴力评定维度包括愉悦程度、有趣程度、暴力画面、暴力内容、难易程度、动作幅度和熟悉程度。各群体的1/6构成一组观看其中的一部动画视频，我们对所收集的评定数据进行单因素方差分析（见表2-1）。结果发现，6种动画视频在暴力画面维度上及暴力内容维度上的等级评定分数均存在显著性差异 $[F(5, 114) = 53.76, p < 0.001, d = 1.35]$。然而，在愉悦程度 $[F(5, 114) = 1.96, p = 009, d = 0.26]$、有趣程度 $[F(5, 114) = 2.07, p = 0.07, d = 0.27]$、难易程度 $[F(5, 114) = 0.52,$

$p = 0.76$，$d = 0.13$]、动作幅度 [$F(5，114) = 0.48$，$p = 0.79$，$d = 0.13$] 和熟悉程度 [$F(5，114) = 1.19$，$p = 0.32$，$d = 0.20$] 上的等级评定分数不存在显著性差异。其中，动画视频《越狱兔》在暴力画面维度上（$M = 4.90$，$SD = 0.31$）和暴力内容维度上（$M = 4.80$，$SD = 0.41$）的等级评定分数显著高于其他动画视频。动画视频《万能阿曼》在暴力画面维度上（$M = 1.25$，$SD = 0.64$）及暴力内容维度上（$M = 1.60$，$SD = 1.14$）的等级评定分数显著低于其他动画视频。鉴于媒体暴力评定标准主要是暴力画面和暴力内容（Anderson & Dill，2000），据此最终遴选10分钟的暴力动画视频片段《越狱兔》和10分钟的非暴力动画视频片段《万能阿曼》为后续实验材料。

表 2-1　动画视频暴力程度的评定结果

动画片	《越狱兔》 $M \pm SD$	《超级监狱》 $M \pm SD$	《再生侠》 $M \pm SD$	《小猪佩奇》 $M \pm SD$	《汪汪队立大功》 $M \pm SD$	《万能阿曼》 $M \pm SD$	F	d
愉悦程度	3.65 ± 1.04	4.10 ± 0.72	3.60 ± 0.88	4.00 ± 0.79	4.25 ± 0.64	3.80 ± 0.83	1.96	0.26
有趣程度	4.30 ± 0.47	4.30 ± 0.57	4.50 ± 0.51	4.25 ± 0.64	4.45 ± 0.51	4.00 ± 0.56	2.07	0.27
暴力画面	4.90 ± 0.31	4.10 ± 1.12	4.65 ± 0.93	1.55 ± 1.23	2.15 ± 1.35	1.25 ± 0.64	53.76***	1.35
暴力内容	4.80 ± 0.41	4.70 ± 0.47	4.85 ± 0.37	1.65 ± 1.39	2.10 ± 1.41	1.60 ± 1.14	57.11***	1.39
难易程度	1.70 ± 0.80	1.60 ± 0.82	1.65 ± 0.81	1.50 ± 0.76	1.90 ± 1.02	1.65 ± 0.67	0.52	0.13
动作幅度	4.25 ± 1.16	4.05 ± 1.23	4.00 ± 1.08	3.75 ± 1.29	3.90 ± 1.02	3.85 ± 0.93	0.48	0.13
熟悉程度	4.65 ± 0.49	4.50 ± 0.51	4.60 ± 0.50	4.30 ± 0.66	4.30 ± 0.66	4.45 ± 0.76	1.19	0.20

注：*** $p < 0.001$。

2.2.4　攻击性行为的测量

考虑到实验的道德伦理标准，使用替代性的辣椒酱实验范式测量5~6岁幼儿的攻击性行为。在该范式中，主试告知被试图片上的小朋友有很多食物偏好，但是最害怕吃辣椒和其他辛辣食品。被试需从6个等级的辣椒粉（0 = "不加辣椒粉"，5 = "加最辣的辣椒粉"）中选择一个等级，加入到辣椒酱的调制配方中，被试为图片中小朋友选择辣椒粉的等级是攻击性行为的测量指标。已有研究显示，该范式与特质攻击问卷（Buss & Perry，1992）测得的攻击水平呈正相关，该实验范式具有较好的信效度（Adachi，2015；孙钾诒，刘衍玲，2019）。

2.2.5　程序

本研究培训了12名实验助手对幼儿进行班级集体施测，主试告诉被试按要求操作有奖励，以增强他们的参与度和专注力，实验在幼儿园宽敞安静的大厅内进行。具体程序为：第一步，告知幼儿被试及家长实验注意事项，并签署实验知情同意书。第二步，实验以8人为一组，男生4人，女生4人。88名被试被随机分配观看10分钟暴力动画视频或非暴力动画视频。第三步，以组为单位，每个被试分别完成辣椒酱实验任务。具体而言，22名5岁男生观看暴力动画视频，22名5岁女生观看暴力动画视频，22名5岁男生观看非暴力动画视频，22名5岁女生观看非暴力动画视频，22名6岁男生观看暴力动画视频，22名6岁女生观看暴力动画视频，22名6岁男生观看非暴力动画视频，22名6岁女生观看非暴力动画视频。第四步，主试给每个被试发放小礼物，感谢他们配合参与实验。

2.2.6　数据统计与分析

使用SPSS 21.0进行动画视频、性别、年龄（自变量）和攻击性行为

（因变量）的三因素方差分析，考察动画视频、性别和年龄的主效应，以及自变量的交互作用和简单效应分析。

2.3　结果

2.3.1　描述性统计

表2-2和表2-3列出了8种实验条件（处理）下幼儿攻击性行为的均值与标准差。由表2-2可知，对5岁幼儿而言，男生在暴力动画视频和非暴力动画视频情境下的攻击性行为均高于女生。同样，对6岁幼儿而言，男生在暴力动画和非暴力动画情境下的攻击性行为均高于女生。5岁幼儿在暴力动画视频情境下和非暴力动画视频情境下的攻击性行为均高于6岁幼儿。由此可知，动画视频类型、性别、年龄与攻击性行为存在一定关系，在后续统计中需综合考虑对动画视频、性别和年龄等主要变量进行控制分析。

表 2-2　动画视频情境下 5 岁幼儿攻击性行为的均值与标准差

性别	暴力动画视频 $M \pm SD$	N	非暴力动画视频 $M \pm SD$	N
男生	4.59 ± 0.59	22	1.55 ± 0.60	22
女生	3.14 ± 0.94	22	1.09 ± 1.27	22
总分	3.86 ± 1.07	44	1.32 ± 1.01	44

表 2-3　动画视频情境下 6 岁幼儿攻击性行为的均值与标准差

性别	暴力动画视频 $M \pm SD$	N	非暴力动画视频 $M \pm SD$	N
男生	4.50 ± 0.74	22	1.64 ± 1.05	22
女生	3.64 ± 1.05	22	1.36 ± 1.40	22
总分	4.07 ± 0.99	44	1.50 ± 1.23	44

2.3.2 攻击性行为的多元方差分析

采用三因素方差分析，考察动画视频、性别、年龄对攻击性行为的主效应及交互作用。表2-4显示，动画视频对攻击性行为影响的主效应极其显著 $[F(1, 168) = 291.19, p < .001, d = 2.59, partial\ \eta^2 = 0.63]$，暴力动画视频组的攻击性行为显著高于非暴力动画视频组 $[M = 3.97 (SE = 0.11) > 1.41 (SE = 0.11)]$。性别对攻击性行为影响的主效应极其显著 $[F(1, 168) = 25.82, p < .001, d = 0.77, partial\ \eta^2 = 0.13]$，男生的攻击性行为显著高于女生 $[M = 3.07 (SE = 0.11) > 2.31 (SE = 0.11)]$。年龄对攻击性行为影响的主效应不显著 $[F(1, 168) = 1.66, p = 0.20, d = 0.20, partial\ \eta^2 = 0.009]$。动画视频与性别的交互作用显著 $[F(1, 168) = 7.05, p = 0.009, d = 0.40, partial\ \eta^2 = 0.04]$。进一步简单效应分析表明，男生观看暴力动画视频后的攻击性行为显著高于女生 $[F(1, 168) = 29.92, p < .001, d = 0.83, partial\ \eta^2 = 0.15$；见图2-1]，但观看非暴力动画视频后幼儿的攻击性行为没有显著的性别差异 $[F(1, 168) = 2.95, p = 0.09, d = 0.26, partial\ \eta^2 = 0.02$；见图2-1]。然而，动画视频和年龄的交互作用不显著 $[F(1, 168) = 0.01, p = 0.94, d = 0.02, partial\ \eta^2 < 0.001$；见表2-4]。性别与年龄的交互作用不显著 $[F(1, 168) = 1.66, p = 0.20, d = 0.20, partial\ \eta^2 = 0.009$；见表2-4]。动画视频、年龄和性别的交互作用不显著 $[F(1, 168) = 0.47, p = 0.50, d = 0.10, partial\ \eta^2 = 0.003$；见表2-4]。

表2-4 攻击性行为（辣椒酱数量等级设置）的方差分析

变量	Mean Square	$F(df_1, df_2)$	$partial\ \eta^2$
动画视频	287.64	291.19(1, 168)***	0.63

续表

性别	25.51	25.82(1, 168)***	0.13
年龄	1.64	1.66(1, 168)	0.009
动画视频 × 性别	6.96	7.05(1, 168)**	0.04
动画视频 × 年龄	0.006	0.01(1, 168)	< 0.001
性别 × 年龄	1.64	1.66(1, 168)	0.009
动画视频 × 性别 × 年龄	0.46	0.47(1, 168)	0.003

注：** $p < 0.01$，*** $p < 0.001$。

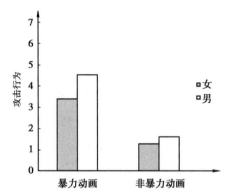

图 2-1　动画视频和性别在攻击行为之间的交互作用

2.4　讨论

2.4.1　暴力动画视频组幼儿比非暴力动画视频组幼儿有更高的攻击性行为水平

与以往研究选取青少年样本不同（如 Anderson & Bushman，2002；Dillon & Bushman，2017），本研究选取 5～6 岁幼儿作为实验样本，考察了短期观看暴力动画视频对攻击性行为的短时效应。结果发现，观看暴力动画视频比观看非暴力动画视频的幼儿表现出更高的攻击性行为水平，该发现与研究假设1一致。且与已有研究表明的"短时接触动画暴力能显著增强儿童攻击性认知和攻击性行为"一致（Kirsh，2006；张骞，2020）。该研究结果进一步支持了一般攻击模型和社会学习理论表明的"儿童观看攻击性榜样能自动模仿和间接强化攻击性行为"（Bandura，1973；Anderson & Bushman，2018）。接触媒体暴力能让儿童提取长时记忆系统中的攻击性认知观念进而增强后续的攻击性和欺负行为（Mehta，2005；Teng et al.，2019）。可见，观看具有暴力画面和暴力内容的动画视频（相比非暴力动画视频）能在短时间内增强幼儿故意为他人设置的高等级辣椒酱数量，体现出该情境下幼儿的高攻击性行为水平。

鉴于观看暴力动画视频比非暴力动画视频更能增强幼儿的攻击性行为，建议动画片制造商、幼儿家长和教师应尽量减少让幼儿接触暴力动画视频的机会，从而在短期内有效减少幼儿的攻击性行为。例如，尝试规范动画片暴力评级分级制度，减少动画暴力渲染，在动画视频中的暴力画面必要时加注警示字幕和配音。重要的是，监护人在幼儿观看动画片时应给予细心指导，应尽量陪伴5～6岁幼儿一同观看动画视频，及时引导幼儿分辨动画视频中的不良暴力画面和暴力内容，管理好幼儿观看动画视频的娱乐活动，让幼儿意识到动画视频中的暴力场景绝不能在现实中进行重现，减少因动画暴力元素导致幼儿在现实中出现攻击性行为。

2.4.2 暴力动画视频情境下男生比女生有更高的攻击性行为水平

本研究表明，观看暴力动画视频后，男生比女生体现出更高的攻击性行为水平，这一研究结果支持了研究假设2，与已有相关研究表明的"男生在媒体暴力情境下比女生体现出更多的攻击性行为"一致（如

Archer, 2004; Bushman, 1996; Cross & Campbell, 2012; Johnson et al., 2013; Luther & Legg, 2010; Orpinas et al., 2015; Salmivalli & Kaukiainen, 2004）。究其原因，女生在接触暴力电影和视频游戏后，在应对暴力事件和冲突方面比男生表现出更多的同情心（Bartholow et al., 2005; Rueckert & Naybar, 2008; Zhen et al., 2011）。开放式访谈结果显示，男生在观看暴力动画视频后比女生表示更愿意采用攻击性行为解决同伴冲突。另外，本研究还发现了性别主效应中的"男生的攻击性行为比女生强"的结果，亦表明自然状态下男生的攻击性行为水平高于女生。

基于男生在暴力动画视频情境下比女生体现出更高的攻击性行为水平，启发幼儿园管理者、幼儿教师和幼儿家长在教育实践中应将男生作为暴力动画视频情境下攻击性预防和干预的重点群体。严格管理幼儿男生观看动画视频的时长，特别关注那些倾向于选择暴力动画视频的男生。尽量减少幼儿男生接触暴力动画视频的可能性，加强对男生的同理心训练、愤怒情绪宣泄训练和同伴挑衅应对策略训练，让他们认识到动画虚拟暴力与现实暴力的差别，尽可能避免他们在现实中模仿虚拟动画视频中的暴力画面和暴力内容来解决同伴交往的矛盾冲突。

2.4.3　幼儿在暴力动画视频情境下的攻击性行为不存在显著的年龄差异

本研究显示，5岁和6岁幼儿在观看暴力动画视频后的攻击性行为不存在显著差异，这与研究假设3"5岁幼儿在暴力动画视频条件下的攻击性行为可能显著高于6岁幼儿"不一致。该结果与已有研究表明的"年龄与攻击性行为呈负相关"不一致（Bukowski, 2010; Johnson et al., 2013; Smith et al., 2013）。原因可能在于5 ~ 6岁幼儿在暴力动画视频情境下的攻击性行为有所增强，但增强幅度不存在统计学的显著性差异，尽管在自然情境下（无动画暴力）5岁幼儿的攻击性行为仍显著高于6岁幼儿（赵孜，2018）。

基于该研究结果，尽管本研究没有发现暴力动画视频情境下攻击性行为的年龄差异，但在儿童教育实践中我们应共同关注5岁和6岁幼儿群体在观看暴力动画视频后的攻击性行为，注重训练他们与同伴友好相处的技能，指导幼儿尽量用语言向同伴和老师表达自身诉求，减少用暴力方式解决处理与同伴之间的"矛盾"。

2.4.4　研究贡献与不足

本研究从暴力画面和暴力内容维度上评定并遴选了国外暴力动画视频和非暴力动画视频，并发现了动画视频、年龄、性别与攻击性行为之间的因果关系，证明了国外暴力动画和视频是对我国幼儿攻击性行为产生影响的重要因素，且暴力动画视频情境能显著增强男生的攻击性行为，这拓展和深化了幼儿与动画视频情境效应的研究，也对今后动画视频制作和暴力评级分类有一定参考价值，同时也为监护人如何有效管理5～6岁幼儿（特别是男生）观看动画视频和攻击性行为干预提供了借鉴。

然而，本研究存在一些局限，需进一步改进和完善。一方面，本研究发现动画视频与年龄的交互作用不显著，可能是因为本研究选取的被试样本的年龄差距不大，因此幼儿在观看动画视频后没有发现攻击性行为的显著性年龄差异，未来研究可以扩大实验样本的年龄差距。另一方面，尽管本研究发现了观看暴力动画视频对5～6岁幼儿攻击性行为产生的短时负面效应（有害影响），但该效应的稳定性难以通过这种横断面实验设计进行解释。未来可考虑进行纵向追踪的实验设计，考察暴力动画视频对我国幼儿攻击性行为的长时效应，为该领域研究提供更有说服力的实验证据。

2.5　结论

本研究获得如下主要结论：①相对于非暴力动画视频，暴力动画视频能显著增强幼儿的攻击性行为。②男生在暴力动画视频情境下的攻击性行为显著高于女生。③5岁幼儿和6岁幼儿在暴力动画视频情境下的攻击性行为不存在显著差异。启发教育者应尽量减少幼儿对暴力动画视频的接触时间，并着重将男生作为暴力动画视频情境下攻击性行为预防和干预的重点群体，严格管理幼儿男生观看动画视频的时长。

第 3 章
武器玩具与儿童攻击性行为：
攻击性动机的中介效应

　　基于第2章表明的暴力动画视频能显著增强5～6岁幼儿的攻击性行为，本章探讨了短期接触武器玩具是否对幼儿攻击性行为产生影响及攻击性动机潜在的中介效应。随机选取88名6岁幼儿参与实验，其中44名被随机分配到武器玩具组（实验组），44名被随机分配到非武器玩具组（对照组），采用竞争反应时任务进行攻击性行为测量。结果发现，与非武器玩具相比，接触武器玩具能显著增强大班幼儿的攻击性行为；男生和女生在武器玩具条件下的攻击性行为水平均高于非武器玩具条件下的攻击性行为；攻击性动机对武器玩具与攻击性行为的因果关系有显著的中介效应。这些实验发现为教师和家长为幼儿慎重选择武器玩具材料和减少幼儿攻击性行为提供了研究参考。

3.1　引言

攻击性行为是儿童常见的问题行为之一。考虑到研究伦理的因素，在本研究中，幼儿攻击性行为被操作性定义为武器玩具情境下大班幼儿故意为虚拟对手设置的噪声惩罚强度。

迄今，一般攻击模型（General Aggression Model，GAM）和社会学习理论（Social Learning Theory，SLT）是最具代表性的攻击性理论。一般攻击模型指出，接触暴力媒介将改变个体的攻击性图式、攻击性思维、知识结构、评价决策和攻击性行为，并且导致个体对暴力后果的去敏感化（Allen et al.，2018；Bandura，1973）。社会学习理论指出，儿童可通过观察同伴的攻击性行为进行模仿而替代强化自身的攻击性行为（Bandura et al.，1961）。武器玩具是幼儿日常学习生活中的重要游戏材料，但他们可能观察模仿榜样的玩武器玩具行为进而替代强化习得攻击性行为。

媒体暴力与攻击性相关变量的因果关系存在争议。大量的相关、横断面和纵向追踪研究发现，观看武器图片将显著增强青少年的攻击性思维、攻击性情感、生理唤醒和攻击性行为（Anderson et al.，1998）。然而，部分研究者认为媒体暴力不会显著增强儿童青少年攻击性相关变量水平，这种相关十分微弱，一些被试特点自变量（如特质攻击、年龄、性别、社会经济地位）也会诱发攻击性行为（如文化差异）（Ferguson & Dyck，2012）。目前，现有研究主要聚焦于西方国家的青少年和成人，较少关注中国文化背景下的幼儿群体。由此推论，我们提出研究假设1：*武器玩具组幼儿将比非武器玩具组幼儿表现出更高的攻击性行为水平。*

暴力刺激情境下攻击性行为存在显著的性别差异。已有研究发现，男生比女生具有更多的身体攻击行为，且男生更倾向于将女生列为受害者目标，从而形成欺凌者-受害者，而女生主要表现为关系攻击。在现实生活中，许多男性幼儿沉浸于接触武器类玩具游戏（如枪、刀、剑），而许多女性幼儿更偏好非武器玩具（如洋娃娃、宠物）。随着年龄增长，女生对他人的挑衅感到焦虑和抑郁，而男生更倾向用暴力方式（凶器）进行报复攻击（Lansford et al.，2012）。男性幼儿似乎比女性幼儿更易于采用诉诸暴力的方式解决同伴冲突。综上，我们提出研究假设2：**接触武器玩具将显著增强男生的攻击性行为，接触武器玩具不会增强女生的攻击性行为。**

幼儿攻击性行为多表现为以争抢玩具为目标的工具性攻击，随着年龄增长，这种攻击性行为的报复性（敌意）成分逐渐增加，但行为背后的攻击性动机尚待考察（陈帼眉，2015）。基于现有研究，攻击性动机包括工具性动机和报复性动机，媒体暴力总是通过增强工具性动机和报复性动机导致攻击性行为（Anderson & Murphy，2003）。新近调查表明，愤怒导致的工具性攻击和敌意导致的报复性动机是媒体暴力和攻击性行为的重要中介（Yao et al.，2019）。然而，也有诸多研究者质疑攻击性动机和攻击性行为的正相关关系（Engelhardt，Bartholow & Saults，2012）。因此，有必要探讨攻击性动机是否是武器玩具接触与攻击性行为关系的潜在中介变量，我们提出研究假设3：**攻击性动机将显著中介武器玩具接触与幼儿攻击性行为的因果关系。**

综上，尽管已有研究探讨了媒体暴力与儿童青少年攻击性相关变量的关系，但考察接触武器玩具影响幼儿攻击性行为的实验研究相对较少，本研究旨在揭示短时接触武器玩具对6岁幼儿攻击性行为的影响以及是否存在攻击性动机的中介效应，为减少我国幼儿攻击性行为提供研究参考。本实验的研究问题包括：①短期接触武器玩具如何对

6岁的幼儿攻击性行为产生影响？②性别能调节武器玩具与攻击性行为的因果关系吗？③攻击性动机能中介武器玩具和攻击性行为的因果关系吗？

3.2　方法

3.2.1　被试

2019年春季学期，随机选取重庆市辖区一所幼儿园的88名6岁的大班幼儿（50%女）参与实验，其中44名幼儿被分配到武器玩具组（实验组），44名幼儿被分配到非武器玩具组（对照组）。所有被试均无任何心理或行为障碍，且均全程参与实验，没有被试终止实验。

3.2.2　实验设计

采用2（玩具：武器，非武器）×2（性别：男，女）组间实验设计，自变量为玩具和性别，因变量为攻击性动机和攻击性行为，潜在的中介变量为攻击性动机。

3.2.3　研究材料

1）玩具

提供20种武器玩具和20种非武器玩具分别供武器玩具组（实验组）和非武器玩具组（对照组）被试玩耍，接触时间分别为20分钟。结合安德森等的相关研究（Anderson et al., 1998），武器玩具主要包括刀、枪、剑、大炮、剪刀等。非武器图片主要包括玩具熊、西瓜、香蕉、纸杯等。每轮实验中实验组和对照组各4名幼儿（武器玩具人数 = 4，非武器玩具人数 = 4），分组在幼儿园的多功能大厅内玩耍玩具，总共11

轮。幼儿单独玩耍玩具，他们之间没有互动，不能观察到其他人玩耍玩具的情况。因此武器玩具组和非武器玩具组的被试儿童不存在相互影响的可能。

2）攻击性动机的测量

采用攻击性动机他评问卷（Aggressive Motivation Questionnaire，AMQ）访谈测量幼儿的攻击性动机水平（Anderson & Murphy，2003）。攻击性动机问卷总共有6个题项，维度主要包括工具性动机（2个题项）和报复性动机（4个题项），让被试口头报告他们在决定选择设置噪声强度上的动机能起多大作用（Anderson & Murphy，2003）。题项回答主要采用李克特（Likert）5点量表（1 = 完全不符合，2 = 有点不符合，3 = 不清楚，4 = 有点符合，5 = 非常符合）。工具性动机的题项包括：①"我想破坏对方小朋友的表现然后获胜"；②"我想控制对方小朋友的反应"。报复性动机的题项包括：①"我想让对面的小朋友变得愤怒"；②"我想伤害对面的小朋友"；③"我想用同样的噪声强度报复对面的小朋友"；④"我想比对面小朋友伤害我的强度更严重"。在本研究中，AMQ的信效度较好，攻击性动机的内部一致性信度为0.95，工具性动机和报复性动机的内部一致性信度系数分别为0.87和0.94，符合儿童心理学的测量标准。

3）攻击性行为的测量

采用竞争反应时任务（Competitive Reaction Time Task，CRTT）测量幼儿攻击性行为。CRTT是已被普遍认可并广泛使用的有较好效度的攻击性行为测量范式（Giancola & Zeichner，2010）。在CRTT中，被试与"虚拟对手"（实际上不存在）竞争，看谁最快对呈现的声音刺激进行按键反应，反应慢的被试将接受噪声惩罚。分为两个阶段：第一阶段有25个试次（13胜，12负）。每一次尝试过后，失败者将会接收到一个大音量噪声，虚拟对手设置噪声强度；第二阶段，被试为"虚拟对手"设置噪声强度，噪声强度设置的高低作为被试攻击性行为的测量指标。采用E-Prime 3.0心理学软件编程CRTT，具体步骤如下：第一关，呈现指导语。电脑屏幕中呈现指导语并同时播放语音："小朋友，接下来我们要做一个小游戏，在我们的电脑里有一个宝宝，他反应特别快，你敢不敢和它比试一下谁更快呢？游戏一共有两关，第一关，在图中出现'☆'之后，会马上出现一幅图片，请你看到图片之后马上点击鼠标，如果你反应比电脑宝宝慢的话，它将会发出一个刺耳的声音来惩罚你。小朋友，你准备好了吗？游戏现在开始进入第一关。"需说明的是，事实上被试并没有和任何人竞争，电脑随机决定了13个获胜试次。总共呈现25个声音试次，已设置被试将共获得13次胜利（设置噪声惩罚13次）和12个失败试次。第1个试次中，被试获胜，剩余的24个试次中分为3个组块，每个组块有8个试次，胜利和失败的次数各半（4胜，4负）。在第一关中，被试不需要为虚拟对手设置噪声强度，仅仅是在失败时接受噪声惩罚。第二关，呈现指导语。电脑屏幕中呈现指导语并同时播放语音："小朋友，第一关已经闯关结束，现在进入第二关，在图中出现'☆'之后，会马上出现一幅图片，请你看到图片之后马上点击鼠标，在本关中你和电脑宝宝互换角色，如果你赢了，你将给电脑宝宝设定惩罚噪声，通过按键'1，2，3，4'分别代表噪声设置的强度'70 dB，80 dB，90 dB，100 dB'，数字越大表明噪声越大，你可以选择任意按键（1-4键，分别计为1～4分）来惩罚电脑宝宝，如果你不想惩罚电脑宝宝则不按键（0分贝）。"噪声事先设定好，总共呈现25个试次（13胜，12负），第一个试次被试获胜。剩余的24个试次分为3组，每组包括8个试次，胜利和失败次数各半（4胜，4负）。被试获胜后可通过按键设置不同的噪声强度惩罚虚拟对手

（电脑宝宝），设置的噪声强度（操作性测量指标）代表了攻击性行为的高低。

3.2.4 程序

首先，幼儿家长及幼儿自愿参与实验，且被告知在实验中如果身感不适可随时退出实验。其次，被试玩耍武器玩具或非武器玩具，时间为20分钟。然后，被试完成竞争反应时任务。再次，访谈被试的攻击性动机。最后，赠送被试小礼物，感谢他们参与实验。左右手按键反应在每个被试间都取得平衡，以熟练实验任务。

3.2.5 数据收集与统计分析

采用SPSS 21.0软件进行两因素方差分析，考察情境自变量（玩具）和被试特点的自变量（性别）对因变量（攻击性动机、攻击性行为）的主效应、交互作用，并采用SPSS插件PROCESS Macro 3.0模型四（Model 4）进行攻击性动机对武器玩具与攻击性行为关系的中介效应检验。

3.3 结果

3.3.1 描述统计结果

表3-1呈现了在4种实验条件下各变量的均值和标准差。武器玩具条件下男生和女生的攻击性行为水平（噪声惩罚强度分数）均高于非武器玩具条件；男生在武器玩具条件下的攻击性行为水平高于女生。鉴于此，玩具、性别和攻击性行为之间似乎存在一定程度的相关，我们将对这些主要变量再进行进一步的具体统计分析。

表 3-1　攻击性行为的描述性统计结果（$M \pm SD$）

玩具	武器玩具	N	非武器玩具	N
男	3.38 ± 1.51	22	2.00 ± 1.06	22
女	3.14 ± 0.56	22	2.49 ± 0.98	22
总分	3.26 ± 0.42	44	2.25 ± 1.04	44

3.3.2　攻击性动机的方差分析结果

采用 2（玩具：武器，非武器）×2（性别：男，女）两因素方差分析，考察玩具、性别的主效应及其交互作用。玩具对攻击性动机的主效应显著，$F(1, 84) = 5.60$，$p = 0.02$，$d = 0.51$，$partial\ \eta^2 = 0.06$，大班幼儿在武器玩具条件下的攻击性动机显著高于非武器玩具条件，$M = 4.07$（$SE = 0.22$）$> M = 3.32$（$SE = 0.22$）。然而，性别对攻击性动机的主效应不显著，$F(1, 84) = 0.06$，$p = 0.81$，$d = 0.05$，$partial\ \eta^2 < 0.001$。玩具与性别的交互作用不显著，$F(1, 84) = 0.87$，$p = 0.35$，$d = 0.20$，$partial\ \eta^2 = 0.01$。

3.3.3　攻击性行为的方差分析结果

采用 2（玩具：武器，非武器）×2（性别：男，女）两因素方差分析，考察玩具、性别的主效应及其交互作用。由图 3-1 可知，玩具对攻击性行为的主效应显著，$F(1, 84) = 37.44$，$p < 0.001$，$d = 1.32$，$partial\ \eta^2 = 0.30$，幼儿在武器玩具条件下的攻击性行为水平显著高于非武器玩具条件，$M = 3.26$（$SE = 0.12$）$> M = 2.25$（$SE = 0.12$）。然而，性别对攻击性行为的主效应不显著，$F(1, 84) = 0.58$，$p = 0.45$，$d = 0.16$，$partial\ \eta^2 = 0.007$。由图 3-2 可知，玩具与性别的交互作用显著，$F(1, 84) = 4.81$，$p = 0.03$，$d = 0.47$，$partial\ \eta^2 = 0.05$。进一步的

简单效应分析发现，男生在武器玩具条件下的攻击性行为水平显著高于非武器条件，$F(1, 84) = 34.55$，$p<0.001$，$d = 1.27$，$partial\ \eta^2 = 0.29$，女生在武器玩具条件下的攻击性行为水平显著高于非武器条件，$F(1, 84) = 7.70$，$p = 0.007$，$d = 0.60$，$partial\ \eta^2 = 0.08$。

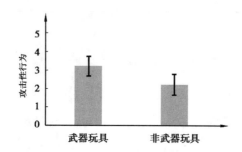

图3-1　玩具对幼儿攻击性行为影响的主效应

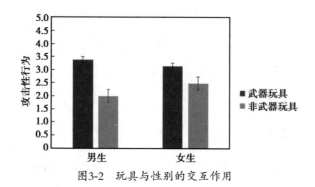

图3-2　玩具与性别的交互作用

3.3.4　攻击性动机对攻击性行为的中介效应分析结果

1）攻击性动机

基于上述方差分析，进一步检验攻击性动机是否在武器玩具对攻击性行为的影响中起中介效应。采用单个中介因素模型（模型4）和bootstrapping（校正后的bootstrap样本5 000次，95%置信区间）评估武器玩具对攻击性行为间接效应的强度（Hayes & Preacher，2014），并控制性别作为协变量（基于显著的玩具×性别交互作用）。如图3-3 所示，攻击性动机在武器玩具对攻击性行为的影响中具有显著的部分中介效应，$\beta = 0.07$，$SE = 0.04$，95%CI：［0.01；0.16］。武器玩具对攻击性行为的直接效应显著（置信区间不包含0），$\beta = 0.47$，$SE = 0.09$，95%CI：［0.29；0.65］。武器玩具能显著正向预测攻击性动机，$\beta = 0.25$，$SE = 0.11$，95%CI：［0.04；0.46］，攻击性动机能显著正向预测攻击性行为，$\beta = 0.29$，$SE = 0.09$，95% CI：［0.12；0.47］。

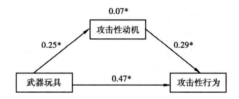

图 3-3　武器玩具通过增强攻击动机影响攻击性行为的中介模型

注：1 = 武器，0 = 非武器；标准化路径系数；实线为路径显著；*$p < 0.05$。

2）工具性动机和报复性动机

鉴于攻击性动机对攻击性行为的显著中介作用，我们进一步考察了工具性动机和报复性动机对攻击性行为的中介效应。一方面，工具性动机在武器玩具对攻击性行为的影响中没有显著的中介效应，$\beta = 0.11$，$SE = 0.04$，95%CI：［-0.003；0.14］。武器玩具对攻击性行为的直接效应显著，$\beta = 0.49$，$SE = 0.09$，95%CI：［0.31；0.66］。武器玩具能显著预测工具性动机，$\beta = 0.20$，$SE = 0.11$，95%CI：［-0.01；0.41］，工具性动机能显著预测攻击性行为，$\beta = 0.28$，$SE = 0.09$，95% CI：［0.10；0.45］。另一方面，报复性动机在武器玩具对攻击性行为的影响中起到了显著的部分中介效应，$\beta = 0.07$，$SE = 0.04$，

95%CI：［0.01；0.17］。武器玩具对攻击性行为的直接效应显著，β = 0.47，SE = 0.09，95%CI：［0.29；0.65］。武器玩具能显著预测报复性动机，β = 0.26，SE = 0.10，95%CI：［0.05；0.47］，报复性动机能显著预测攻击性行为，β = 0.29，SE = 0.09，95% CI：［0.11；0.46］。可见，报复性动机对武器玩具与攻击性行为的关系存在显著的部分中介效应（见图3-4）。

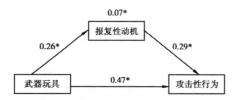

图 3-4　武器玩具通过报复性动机影响攻击性行为的中介模型
注：1 = 武器玩具，0 = 非武器玩具；标准化路径系数；实线为路径显著；*p < 0.05。

3.4　讨论

3.4.1　与非武器玩具相比，接触武器玩具显著增强了6岁幼儿的攻击性行为

在本研究中，玩具对攻击性行为的主效应显著，并且接触武器玩具比非武器玩具更能显著增强幼儿的攻击性行为，这一研究结果支持研究假设1提出的"武器玩具条件下6岁幼儿的攻击性行为可能显著高于非武器玩具条件"。同时，这一结果与已有相关研究一致（Bartholow et al.，2005）。究其可能的原因，一方面，基于GAM，武器玩具提供了一种效仿现实的虚拟情境进而增强了幼儿后续的攻击性行为。新近研究

发现，无论是在电影情境中还是在游戏情境中，榜样持枪（武器）的行为都将显著延长幼儿在现实中的持枪时间并增加扣动扳机的自动化射击行为概率（Dillon & Bushman，2017；Chang & Bushman，2019）。另一方面，接触外界暴力刺激将减少个体的同理心，并使个体暴力行为的后果去敏感化（Zhen et al.，2011）。换句话说，暴力刺激可能导致侵害者降低对受害者的同理心水平（设身处地从被害者角度进行情感体验）。因此，在教育实践中，特别对于有高攻击性行为发生频率的幼儿，教师和家长应对他们采用认知疗法和行为矫正（张骄，刘云艳，2008），减少他们接触武器玩具的机会，促进亲社会媒介对儿童攻击性认知的改变（雷浩，刘衍玲，2012），从而预防和干预他们潜在的攻击性行为。

3.4.2　男生和女生在武器玩具条件下的攻击性行为水平均显著高于非武器玩具条件下的攻击性行为

本研究发现，男生和女生短期接触武器玩具后的攻击性行为水平显著高于非武器条件。这一发现与研究假设2提出的"接触武器玩具将显著增强男生的攻击性行为，接触武器玩具不会增强女生的攻击性行为"不一致。另外，这一发现与有关"男生在媒体暴力情境下的攻击性行为水平显著高于女生"也不太一致（Boutwell et al.，2011）。在现实情境中，我们常常观察到幼儿园男生和女生都有接触武器玩具的可能性，男生比女生更乐于接触武器玩具，攻击性行为比女生增长的幅度更明显，这一点符合现实情况，也与有关研究发现一致（Zhang et al.，2019）。这种武器玩具情境下男生和女生的攻击性行为水平显著高于非武器玩具条件的研究发现，启示教育者应特别注意避免让幼儿接触有暴力属性的武器玩具，从而减少其攻击性行为。

3.4.3　攻击性动机和报复性动机对武器玩具和攻击性行为关系有显著的中介作用

本研究表明，攻击性动机能显著中介武器玩具和攻击性行为的因果关系。这一发现支持了研究假设3提出的"攻击性动机可能显著中介武器玩具接触与幼儿攻击性行为的因果关系"。该研究发现与已有相关研究认为的"攻击性动机能显著中介媒体暴力与攻击性行为"的结论一致（Anderson & Murphy，2003），也与相关研究表明的"暴力材料能显著启动青少年的内隐攻击性"结论一致（田媛 等，2011）。因此，在学前教育实践中，我们应特别关注减少幼儿攻击性动机的训练方法，幼儿教师和家长应在日常生活中多与幼儿亲切友好地交流沟通，了解幼儿在处理同伴冲突中的攻击性认知和情感，减少因报复性动机而产生的外显攻击性行为。

3.4.4　研究局限和展望

本研究采用实验法考察了短期接触武器玩具与6岁幼儿攻击性行为的因果关系，厘清了幼儿攻击性行为在不同情境条件下（武器玩具vs. 非武器玩具）的性别差异，以及攻击性动机对武器玩具与攻击性行为关系的中介效应。尽管大多数研究表明，媒体暴力能显著增强大学生的攻击性行为，但缺乏对武器玩具与幼儿攻击性行为关系的探讨，本研究结果将为幼儿教师和家长慎重选择幼儿武器玩具材料和减少6岁幼儿攻击性行为提供依据。

然而，本研究存在以下几点不足：第一，样本量相对较少，由实验发现导致的外部生态效度（可推广性）受限。第二，仅考察了短期武器玩具效应，这种横断面取向可能难以说明这些主要变量间因果关系的稳定性，未来研究应考虑纵向追踪研究或聚合交叉研究，为该领域提供更有说服力的证据。第三，借用西方儿童心理学研究者《攻击性动机量表》测度我国幼儿的攻击性动机，有可能不太符合我国幼儿的实际状况（文化差异），有必要编制适合中国幼儿的攻击性动机测量工具。

本研究有如下教育启示：第一，接触武器玩具比非武器玩具更能显著增强6岁幼儿的攻击性行为，启发幼儿园和家庭应尽量少购买和放置这类玩具，防止和杜绝由武器玩具接触而造成的6岁幼儿攻击性行为后果；第二，男生和女生在武器玩具情境下攻击性行为水平均显著高于非武器条件，说明男性幼儿和女性幼儿在接触武器玩具后均会产生攻击性行为，启发教育者应尽量避免男性幼儿和女性幼儿接触有攻击性属性的武器玩具；第三，鉴于攻击性动机和报复性动机能显著中介武器玩具和攻击性行为的关系，教育者应当尽量通过强化认知训练和弱化攻击动机对幼儿进行日常教育，避免由于攻击性动机增强引发严重的攻击性行为。

3.5　结论

本研究获得如下结论：①与非武器玩具相比，短期接触武器玩具能显著增强幼儿的攻击性行为；②男生和女生在武器玩具条件下的攻击性行为水平均显著高于非武器玩具条件；③攻击性动机和报复性动机对武器玩具与幼儿攻击性行为的因果关系有显著的中介效应。这些研究结果启发教育者应尽量减少6岁幼儿接触武器玩具的机会，预防和干预由武器玩具接触而造成幼儿攻击性行为增强的后果。针对男生和女生在武器玩具情境下攻击性行为水平均显著高于非武器条件，说明男生和女生都要避免接触有攻击性属性的武器玩具进而避免由此产生的攻击性行为问题。由于攻击性动机和报复性动机是武器玩具和攻击性行为之间的中介变量，教育者可通过训练降低幼儿的攻击性认知和攻击动机来减少可能出现的攻击性行为。

第4章
暴力视频游戏对儿童攻击性行为的短时效应

　　基于第3章表明的武器玩具接触能显著增强幼儿的攻击性行为，本章试图探讨接触视频游戏中的暴力内容和场景是否同样能增强幼儿的攻击性行为。探讨该课题的原因在于目前暴力视频游戏对儿童攻击性行为的影响尚存巨大争议，但少有实验研究探讨暴力视频游戏对我国幼儿攻击性行为的影响。鉴于此，我们采用竞争反应时任务测查幼儿攻击性行为，考察短期接触暴力视频游戏对幼儿攻击性行为的实验效应。本研究随机抽取268名6岁幼儿（50%为女生）参与实验，其中一半分配玩暴力游戏（街霸Ⅱ），一半分配玩非暴力游戏（俄罗斯方块）。结果发现：①与非暴力视频游戏相比，暴力视频游戏显著增强了6岁幼儿的攻击性行为；②与女生相比，暴力视频游戏显著增强了男生的攻击性行为；③愤怒情绪对暴力视频游戏和攻击性行为的因果关系有显著的中介效应；④特质攻击对暴力视频游戏和攻击性行为的关系没有显著的调节作用。这些发现表明，游戏开发者应尽量删除视频游戏中的暴力元素，合理宣泄幼儿的愤怒情绪进而减少攻击性行为，男生是暴力视频游戏情境下攻击性行为预防和干预的重点目标群体。

4.1 引言

攻击性行为包括直接攻击（如身体碰撞、踢打、推拉）和间接攻击（如说脏话、传播谣言、取外号、人际排挤）。考虑到研究伦理，本研究采用替代性方式测量幼儿攻击性行为，我们将攻击性行为操作性定义为视频游戏情境下幼儿完成竞争反应时任务的过程中，为虚拟对手设置的噪声强度（如噪声强度大，则攻击性行为强）。以往研究表明，暴力视频游戏是影响儿童攻击性行为的核心因素之一，并且大多数儿童喜欢暴力视频游戏（Greitemeyer，2019；Teng et al.，2019），儿童主要通过大众传播媒体接触视频游戏（Gentile et al.，2004）。一方面，暴力视频游戏让儿童感到身心放松（Kirsh，2003；Wu et al.，2010）；另一方面，89%以上儿童接触的视频游戏都充斥暴力场景和暴力内容（Wallenius & Punamäki，2009；Anderson et al.，2007），有两成青少年存在电子游戏成瘾现象或风险（邱晨辉，2018）。研究者发现，格斗和反恐游戏教会玩家利用自动步枪射击敌人，这种虚拟暴力场景可能让儿童在现实中进行延迟模仿（Polman et al.，2008）。调查显示，幼儿攻击性行为的发生频率较高，严重者甚至产生入学适应障碍（李俊，1994；Rodkin et al.，2014）。可见，暴力视频游戏与幼儿攻击性行为关系密切，接触暴力游戏媒体可能导致幼儿诉诸"武力"解决人际冲突。鉴于此，我们试图通过严格控制情境的实验来揭示短期暴力视频游戏对幼儿攻击性行为的影响。

4.1.1 暴力视频游戏与攻击性行为

迄今，心理学家关于暴力视频游戏与攻击性行为的因果关系争论不休，形成了两派对立观点：一方面，接触暴力视频游戏会显著增强攻击性认知、攻击性思维、敌意情感、生理唤醒和攻击性行为（施桂娟等，2013；魏华 等，2010；Anderson et al.，2017；Bingenheimer et al.，2005；Chang & Bushman，2019；Hasan et al.，2013；Kepes et al.，2017），且暴力游戏会同时增强玩家和观看者的攻击性行为（郭晓丽 等，2009；张学民 等，2009）。另一方面，批评者认为接触暴力视频游戏不会显著增强攻击性的相关变量，这种效应量十分微弱或效应量为零（Ferguson & Dyck，2012；Freedman，2002；Hilgard，2016；Holden，2005）。这些学者进一步通过元分析发现，认为媒体暴力与攻击性呈正相关的研究者存在数据不可靠和出版偏差（Ferguson，2007；Hilgard et al.，2017）。鉴于此，有必要澄清暴力视频游戏如何影响我国幼儿群体的攻击性行为。据此提出假设1：相较于非暴力视频游戏，接触暴力视频游戏将显著增强幼儿的攻击性行为。

4.1.2 暴力视频游戏、性别与攻击性行为

以往研究发现，暴力视频游戏对攻击性影响存在显著的性别差异（Bartholow & Anderson，2002；Hoeft et al.，2008；Martins et al.，2012）。与女生相比，暴力视频游戏条件下受到奖励的男生表现出更多的攻击性行为（Carnagey & Anderson，2005）。此外，男生对攻击性词汇有更为显著的认知加工偏向，内隐攻击性水平显著高于女生（Cross & Campbell，2012；Ramirez et al.，2001；Smith & Waterman，2005）。可见，性别是暴力视频游戏与攻击性行为关系的重要调节变量。据此提出假设2：暴力视频游戏条件下男生的攻击性行为水平将显著高于女生。

4.1.3 暴力视频游戏、特质攻击与攻击性行为

已有研究表明，攻击性行为可能与先天遗传的攻击性人格特质密

切相关，高攻击特质者比低攻击特质者有更多的攻击性行为（Zhang et al.，2019）。媒体暴力与高特质攻击者的攻击性行为呈正相关（Bushman，1995；Marshall & Brown，2006）。这些发现似乎表明攻击性特质可能是暴力视频游戏与攻击性行为关系的重要调节变量。然而，也有元分析研究表明特质攻击对媒体暴力和攻击性行为的因果关系没有显著的调节作用（Anderson et al.，2010）。可见，关于特质攻击是否在媒体暴力与攻击性行为之间的调节作用上存在争议。因此有必要探讨特质攻击是否在幼儿攻击性行为上有调节作用。据此提出假设3：特质攻击能显著调节暴力视频游戏对攻击性行为的影响。

4.1.4　暴力视频游戏、愤怒与攻击性行为

暴力视频游戏通过哪些路径影响攻击性行为？研究发现，暴力视频游戏可通过激发愤怒情绪而导致攻击性行为（Geen，2001）。暴力视频游戏和愤怒情绪是攻击性行为的重要预测变量（应贤慧，戴春林，2008；Giumetti & Markey，2007；Yao et al.，2019）。迄今，解释暴力视频游戏与攻击性行为关系机制和路径的理论主要包括：一般攻击模型、社会学习理论、认知-新联结模型和挫折-攻击理论。一般攻击模型认为，反复接触暴力视频游戏将增强攻击性思维、敌意情感、暴力去敏感化和攻击性行为（Allen et al.，2018），降低攻击者对受害者的同理心（Funk et al.，2004；Strasburger & Wilson，2002），因此暴力游戏玩家可能会对受害者的遭遇感到麻木，并低估攻击性行为的严重后果。愤怒可以让个体在一段时间内保持攻击性的意图（Anderson & Bushman，2002）。此外，愤怒情绪增加了个体对激发事件的关注及处理深度，因此提高了对这些事件的回忆。愤怒经历本身朝着敌对解释的方向发展，愤怒通过提高唤醒水平激发攻击性行为。愤怒和各种认知结

构之间的诸多联系导致人们往往更关注与愤怒相关的刺激，而不是类似的中性刺激（Cohen et al.，2010；Zhou et al.，2018）。根据社会学习理论，儿童观察榜样的攻击性行为，并通过认知学习替代强化了自身的攻击性行为（Bandura，1973）。认知-新联结模型认为，暴力游戏通过激活个体神经认知网络而引发攻击性行为（Berkowitz，1993）。挫折-攻击理论认为，个体受挫后因目标不能实现引发愤怒情绪，从而导致攻击性行为（Breuer & Elson，2017；Dollard et al.，1939）。据此提出假设4：愤怒对暴力视频游戏和攻击性行为的关系有显著的中介作用。

4.2　方法

4.2.1　被试

2019年秋季学期在重庆市辖区三所幼儿园随机抽取268名大班6岁幼儿（50%为女生）开展实验。实验得到其监护人家长的同意。其中，134名幼儿接触10分钟暴力视频游戏（街霸Ⅱ），为实验组；134名幼儿接触10分钟非暴力视频游戏（俄罗斯方块），为对照组。实验过程中没有被试终止实验，所有实验被试均为右利手。

4.2.2　视频游戏

使用两种操作简便的单机版视频游戏《街霸Ⅱ》和《俄罗斯方块》作为游戏材料。《街霸Ⅱ》是日本格斗类游戏，玩家可选择其中任意一名攻击者与对手进行身体攻击（出拳、腿、神功），用血液含量代表攻击者的生命线。游戏角色来自不同国度，都有独特的必杀技能，该游戏以暴力画面场景为主要特征。《俄罗斯方块》是益智类游戏，通过小方块组成不同形状的板块陆续从屏幕上方落下，玩家通过调整板块位置和方向，使它们在屏幕底部拼出完整的一条或几条横条。这些完整的横条会随即消失，为新落下来的板块腾出空间，玩家得到相应分数奖励。没有被消除掉的方块不断堆积，一旦堆到屏幕顶端，玩家便输掉游戏。需说明的是，这两类游戏均简单且易于操作。

　　本研究在暴力视频游戏遴选过程中邀请了10名游戏开发商、10名幼儿教师、10名心理学专家和10名幼儿家长对这两种游戏的暴力程度进行Likert 5级计分评定（1 = 低暴力，5 = 高暴力），评定维度包括愉悦程度、有趣程度、暴力内容、暴力画面、现实程度、熟悉程度、兴奋程度和动作幅度。他们中各有一半分别玩《街霸Ⅱ》和《俄罗斯方块》，持续时间为15分钟。运用独立样本 t 检验比较这两种视频游戏的暴力程度差异。评定结果发现，《街霸Ⅱ》在暴力相关维度的评定分数显著高于《俄罗斯方块》，体现为暴力内容 $[t(38) = 6.45, p<0.001, d = 2.04]$、暴力画面 $[t(38) = 7.71, p<0.001, d = 2.44]$、动作幅度 $[t(38) = 7.56, p<0.001, d = 2.39]$、有趣程度 $[t(38) = 2.53, p = 0.02, d = 0.80]$ 和兴奋程度 $[t(38) = 2.44, p = 0.02, d = 0.77]$，但在愉悦程度 $[t(38) = -0.27, p = 0.79, d = -0.09]$、现实程度 $[t(38) = 0.15, p = 0.88, d = 0.05]$ 和熟悉程度 $[t(38) = -0.47, p = 0.64, d = -0.15]$ 的评定分数上没有显著差异（见表4-1）。基于媒体暴力主要体现为暴力内容和暴力画面（Anderson & Dill，2000），因此《街霸Ⅱ》和《俄罗斯方块》分别被评定为暴力视频游戏和非暴力视频游戏。

表4-1　视频游戏暴力程度的评定结果

评定维度	《街霸Ⅱ》$M \pm SD$	《俄罗斯方块》$M \pm SD$	t	d
愉悦程度	4.20 ± 0.70	4.25 ± 0.44	-0.27	-0.09
有趣程度	4.20 ± 0.77	3.40 ± 1.19	2.53^*	0.8
暴力内容	4.30 ± 0.86	2.40 ± 0.99	6.45^{***}	2.04
暴力画面	4.65 ± 0.49	1.90 ± 1.52	7.71^{***}	2.44
现实程度	2.75 ± 1.16	2.70 ± 0.86	0.15	0.05
熟悉程度	4.30 ± 1.17	4.45 ± 0.83	-0.47	-0.15
兴奋程度	4.00 ± 1.34	2.85 ± 1.63	2.44^*	0.77
动作幅度	4.30 ± 0.98	2.25 ± 0.72	7.56^{***}	2.39

注：$^* p < 0.05$，$^{***} p < 0.001$。

4.2.3　测量工具

1）特质攻击性量表

采用简明攻击性量表（Brief Aggression Questionnaire，BAQ；Webster et al., 2015）测量幼儿的特质攻击水平。考虑到幼儿的书面识字能力有限，采用自我报告法进行水平测试。BAQ是由4个维度、12个题项构成的标准化量表，包括身体攻击（如：如果有人打我，我就打回去）、语言攻击（如：当有人讨厌我，我会告诉他我的想法）、愤怒（如：我难以控制自己的脾气）和敌意（如：我经常发现同伴叫我外号）。量表采用Likert 5点评分法（1 = 非常不同意，5 = 非常同意），分数越高代表特质攻击水平越高，反之亦然。该量表的总体内部一致性信度系数（Cronbach's α）为0.83。本研究中BAQ的Cronbach's α为0.95，基于项目分析的高低分组标准（Kelley，1939），得分在BAQ总分前约27%的被试作为高攻击性特质者（$N = 73$），得分在BAQ后约27%的被试作为低攻击性特质者（$N = 74$），剩下的为中等攻击性特质者（$N = 121$）。

2）愤怒量表

采用Buss和Perry编制的标准化攻击性量表（Buss-Perry Aggression Questionnaire，BPAQ；Buss & Perry，1992）中的愤怒分量表测量愤怒水平（题项1、5、7、8、9、15、19、23、28），共九个题项。该愤怒量表采用Likert 5点评定量表计分（1 = 非常不同意，5 = 非常同意）。原量表中愤怒分量表的内部一致性信度系数为0.83。本研究愤怒分量表的内部一致性信度系数为0.97。在实验过程中，我们也同时注意观察被试是否出现愤怒的表情。

4.2.4　攻击性行为测量

采用竞争反应时任务（Competitive Reaction Time Task，CRTT）测量攻击性行为。CRTT是已被验证具有较好效度的攻击性行为测量范式（Warburton & Bushman，2019）。被试与"虚拟对手"竞争，看谁最先对呈现的声音进行反应，反应慢的一方将受到大音量的噪声惩罚。每一次尝试过后，失败者将会接收到一个大音量的噪声。获胜/失败模式和音量大噪声的强度是在被试知道谁已经获胜/输掉了这个试次。被试为"虚拟对手"设置的噪声强度代表攻击性行为水平。基于已有研究（Bartholow & Anderson，2002），本研究的CRTT分为两个阶段：第一阶段有25个试次，其中"虚拟对手"为被试在输掉的试次中设置噪声的强度（70~100 dB，弱—强）。被试在第一步前都尝试感受了1分（70 dB）和4分（100 dB）的音量。尽管被试发现了虚拟对手设置的声音并接受失败试次的相应噪声，但他们不为虚拟对手设置噪声强度。每个被试在第一步中获得13个获胜和12个失败试次。第一个试次是"获胜"，剩下的24个试次被分为3个组块，每组块有8个试次。被试在每个组块输赢各半（4胜vs. 4负）。在第一阶段快结束时，主试提醒被试下一步将为虚拟对手设置噪声强度。第二阶段同样有25个试次，但被试和虚拟对手的角色互换。被试为虚拟对手设置的噪声强度（1~4，70~100 dB）代表攻击性行为。如果被试被判定为获胜者，可通过按下相应的1~4数字键（1~4分）选取相应噪声的4个等级（70 dB，80 dB，90 dB，100 dB）中的一个来惩罚虚拟对手，也可以选择无噪声/无攻击性行为（0 dB，不按键）；如果被试被判定为失败者，将会接受惩罚性噪声。攻击性行为的操作性定义体现为第二个阶段被试获胜时为虚拟对手设置的噪声惩罚强度，设置噪声强度越大表明攻击性行为越强，反之亦然。

4.2.5　实验设计

采用2（视频游戏：暴力 vs. 非暴力）×2（性别：男 vs. 女）两因素组间实验设计。视频游戏和性别是自变量，愤怒情绪和攻击性行为是因变量（噪声惩罚强度），特质攻击（连续变量）作为协变量加以控制。

4.2.6　程序

首先，被试签署实验知情同意书，同意自愿参与实验；其次，被试进行攻击性特质水平测试，考虑到幼儿的书面识字能力受限，采用口头报告法进行特质攻击水平的测试；然后，被试接触10分钟的暴力或非暴力视频游戏；再次，完成竞争反应时任务；最后，被试进行愤怒水平的自我报告。

4.3 结果

4.3.1 描述性统计分析

　　表4-2和表4-3列出了不同游戏条件下男女生攻击性行为的均值与标准差。由表可见，对视频游戏类型而言，暴力视频游戏条件下被试的愤怒水平和攻击性行为水平均高于非暴力视频游戏条件；对性别而言，暴力游戏条件下男生的攻击性行为水平高于非暴力游戏条件下男生的攻击性行为。基于此，视频游戏、性别与攻击性行为存在一定关系，需进一步综合考虑对视频游戏和性别等主要变量进行具体分析。

表4-2　不同游戏条件下愤怒情绪的均值与标准差

游戏	暴力游戏	N	非暴力游戏	N
男生	3.84 ± 1.21	67	2.28 ± 1.14	67
女生	3.90 ± 1.26	67	1.93 ± 1.08	67
总分	3.87 ± 1.23	134	2.10 ± 1.12	134

表4-3　不同游戏条件下攻击性行为的均值与标准差

游戏	暴力游戏	N	非暴力游戏	N
男生	2.57 ± 0.38	67	2.32 ± 0.38	67
女生	2.37 ± 0.39	67	2.43 ± 0.27	67
总分	2.47 ± 0.40	134	2.37 ± 0.33	134

4.3.2 视频游戏和性别对愤怒情绪的多元方差分析

　　采用三因素方差分析，考察视频游戏和性别对愤怒的主效应及其交互作用。结果发现，视频游戏对愤怒情绪的主效应显著，$F(1, 263) = 150.46$，$p<0.001$，$d = 1.44$，$partial\ \eta^2 = 0.34$，接触暴力游戏比非暴

力游戏更能显著激发幼儿的愤怒情绪，$M = 3.87$（$SE = 0.11$）$>M = 2.10$（$SE = 0.10$）。性别对愤怒情绪的主效应不显著，F（1，263）$= 1.14$，$p = 0.29$，$d = 0.10$，$partial\ \eta^2 = 0.002$。视频游戏与性别的交互作用不显著，F（1，263）$= 2.09$，$p = 0.15$，$d = 0.14$，$partial\ \eta^2 = 0.005$。

4.3.3 视频游戏和性别对攻击性行为的多元方差分析

采用双因素方差分析，考察视频游戏和性别对攻击性行为的主效应及其交互作用。结果发现，视频游戏对攻击性行为的主效应显著，接触暴力游戏比非暴力游戏更能显著增强攻击性行为〔F（1，263）$= 4.79$，$p = 0.03$，$d = 0.27$；$M = 2.47$（$SE = 0.03$）$>M = 2.37$（$SE = 0.03$）〕。性别对攻击性行为的主效应不显著，F（1，263）$= 1.08$，$p = 0.30$，$d = 0.13$。视频游戏与性别的交互作用显著，F（1，253）$= 12.91$，$p<0.001$，$d = 0.44$，$partial\ \eta^2 = 0.05$，简单效应分析发现，男生接触暴力视频游戏后的攻击性行为水平显著高于女生，〔F（1，263）$= 10.70$，$p = 0.001$，$d = 0.40$，$partial\ \eta^2 = 0.04$；$M = 2.57$（$SE = 0.04$）$>M = 2.37$（$SE = 0.04$）〕，而非暴力组的攻击性行为没有显著的性别差异，F（1，263）$= 3.26$，$p = 0.07$，$d = 0.22$，$partial\ \eta^2 = 0.01$（见图4-1）。

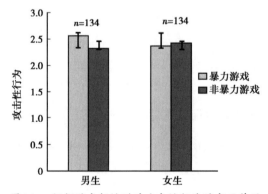

图4-1 视频游戏与性别对攻击性行为的交互作用

4.3.4　愤怒情绪对暴力视频游戏和攻击性行为关系的中介效应

基于上述方差分析结果（视频游戏对愤怒情绪主效应显著和视频游戏对攻击性行为主效应显著），本研究进一步检验了愤怒情绪在暴力视频游戏对攻击性行为影响的中介效应（见图4-2）。采用单个中介因素模型（MacKinnon & Fairchild，2009）和bootstrapping（校正后的bootstrap样本5 000 次，95%置信区间）评估暴力视频游戏对攻击性行为间接效应的强度（Hayes & Preacher，2014；Shrout & Bolger，2002），并控制性别作为协变量（由于显著的视频游戏×性别交互作用）。如图4-2所示，暴力视频游戏对攻击性行为的直接效应不显著，β = 0.03，SE = 0.08，95%CI：［−0.12；0.18］。然而，暴力视频游戏能显著预测愤怒情绪，β = 0.60，SE = 0.05，95%CI：［0.50；0.70］，愤怒情绪能显著预测攻击性行为，β = 0.16，SE = 0.08，95%CI：［0.01；0.31］。愤怒情绪在暴力视频游戏对攻击性行为的影响中起到了显著的中介效应（暴力视频游戏对攻击性行为有显著的间接效应），β = 0.10，SE = 0.05，95%CI：［0.01；0.19］。间接效应的置信区间95%CI不包含0，表明愤怒情绪对暴力视频游戏与儿童攻击性行为的关系存在中介效应（MacKinnon et al.，2007）。

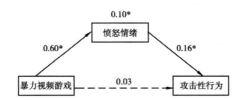

图 4-2　暴力视频游戏通过愤怒情绪影响攻击性行为的中介模型

注：1 = 暴力，0 = 非暴力；标准化路径系数；实线代表路径显著，虚线代表路径不显著；*p < 0.05。

本研究进一步检验了愤怒情绪是否分别对男生和女生有显著的中介作用，将特质攻击进行协变量控制（见图4-3）。总体而言，暴力视频游戏对男生攻击性行为的直接效应不显著，$\beta = 0.20$，$SE = 0.11$，95%CI：[−0.006；0.41]，对女生攻击性行为的直接效应也不显著，$\beta = -0.16$，$SE = 0.10$，95%CI：[−0.36；0.05]。暴力视频游戏能显著预测男生的愤怒情绪，$\beta = 0.53$，$SE = 0.07$，95% CI：[0.39；0.67]，也能显著预测女生的愤怒情绪，$\beta = 0.67$，$SE = 0.07$，95% CI：[0.54；0.81]。愤怒情绪能显著预测男生的攻击性行为，$\beta = 0.27$，$SE = 0.11$，95% CI：[0.05；0.49]，但不能显著预测女生的攻击性行为，$\beta = 0.11$，$SE = 0.10$，95% CI：[−0.09；0.30]。愤怒情绪能显著中介暴力视频游戏对男生攻击性行为的效应，$\beta = 0.14$，$SE = 0.06$，95% CI：[0.03；0.27]，但愤怒情绪不能显著中介暴力视频游戏对女生攻击性行为的效应，$\beta = 0.07$，$SE = 0.07$，95% CI：[−0.05；0.22]。

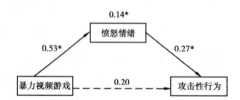

图 4-3　暴力视频游戏通过愤怒情绪影响男生攻击性行为的中介模型
注：1 = 暴力，0 = 非暴力；标准化路径系数；实线代表路径显著，虚线代表路径不显著；*$p < 0.05$。

4.3.5　特质攻击在暴力视频游戏和攻击性行为关系之间的调节效应

我们将特质攻击作为连续数值变量，考察了特质攻击在暴力视频游戏与攻击性行为之间是否具有显著的调节作用，将所有变量系数标准化。在该调节效应分析中，我们将性别作为协变量，视频游戏作为自变量，特质攻击作为调节变量，攻击性行为作为因变量。结果发现，视频游戏与特质攻击的交互作用不显著，$F(1, 263) = 2.27$，$\beta = 0.09$；$SE = 0.06$，$p = 0.13$；95% CI $= [-0.03, 0.21]$。

4.4　讨论

4.4.1　与非暴力视频游戏相比，暴力视频游戏显著增强了6岁幼儿的攻击性行为

本研究发现，视频游戏对攻击性行为有显著的主效应，短期接触暴力视频游戏的幼儿比非暴力视频游戏的幼儿体现出更强的攻击性行为。这一研究结果支持研究假设1，且与以往相关研究结果一致（李婧洁 等，2008；赵丽，江光荣，2010；Boutwell et al.，2011；Huesmann，2010；Salmivalli & Kaukiainen，2004；Uhlmann & Swanson，2004）。可能的原因在于视频游戏中的暴力内容和场景让儿童产生了延迟模仿，所以在竞争反应时任务中暴力视频游戏比非暴力视频游戏条件下的幼儿表现出更强的攻击性行为。这启示游戏开发商、幼儿教师和家长应尽量避免让大班幼儿接触有暴力场景内容的视频游戏，否则可能会引发他们在真实情景中出现攻击性行为。针对这一结果，建议我国从立法角度建立视频游戏暴力程度的分级分类，从优化和谐友好的社会环境和健康积极的舆论引导方面开展儿童攻击性行为的预防和干预工作。

4.4.2　与女生相比，暴力视频游戏显著增强了男生的攻击性行为

本研究表明，男生在暴力视频游戏条件下的攻击性行为显著增强，

而女生在暴力视频游戏条件下的攻击性行为并未显著增强。这与已有相关研究表明的男生比女生更容易对攻击性刺激敏感的结果一致（如李婧洁 等，2008；张文新 等，2003；Underwood，1999；Smith & Waterman，2005）。在现实生活情境中，男生比女生更频繁地接触暴力视频游戏，这可能导致男生在现实情境中更容易使用暴力处理矛盾冲突，进而产生同伴侵害和同伴欺负行为。女生比男生在采取攻击决策时更有同理心和道德认知的敏感性（陈昌凯，徐琴美，2013；Harenski et al.，2008；Jolliffe & Farrington，2006；Rueckert & Naybar，2008；Toussaint & Webb，2005；Zhen et al.，2011），所以女生接触暴力视频游戏后（相比非暴力游戏）的攻击性行为没有显著增强。男生在攻击性行为方面比女性更易受虚拟化身形象影响，导致男生的攻击性行为更强（衡书鹏 等，2017）。事实上，男生在婴儿期、童年期、青少年期和成人期在生理活跃性上都高于女生，男生在儿童期相比女生会体现更多的攻击性倾向（张文新，张福建，1996；Archer，2009；Carlo et al.，1999）。本研究启示教育者应关注6岁幼儿男生（相比女生）所接触的暴力视频游戏，要细心指导他们如何选择玩视频游戏，并将6岁男生列为攻击性行为干预和预防的重点目标群体。

4.4.3 特质攻击不能显著调节暴力视频游戏对攻击性行为的影响

本研究发现，特质攻击作为连续变量不能显著调节暴力视频游戏与幼儿攻击性行为的因果关系。该发现与以往研究认为"高特质攻击大学生的攻击性行为比低特质攻击者更强"的结果不一致（邱方晖 等，2016；Anderson & Bushman，2002；Bushman，1995；Marshall & Brown，2006）。这可能是由于这个年龄阶段的儿童还没有体现出稳定的攻击心理品质。然而，该发现与已有元分析表明的"特质攻击不能显著调节媒体暴力与攻击性行为的关系"一致（Anderson et al., 2010）。鉴于此，教育者应为所有幼儿创设平等的教室氛围和同伴友好的生态环境，发展友好互助的同伴关系对有效改善同伴冲突和攻击性行为十分重要（王美芳 等，2002；Gest & Rodkin, 2011）。在教育实践中，启示幼儿教师、家长和政策制定者可以不考虑特质攻击这个变量对在暴力视频游戏情境下幼儿攻击性行为的影响。

4.4.4　愤怒情绪对暴力视频游戏和攻击性行为关系有显著的中介作用

我们基于一般攻击模型、社会学习理论、认知-新联结模型和挫折-攻击理论，假定暴力视频游戏会触发幼儿愤怒情绪，进而导致攻击性行为。中介效应检验表明，愤怒情绪显著中介了暴力视频游戏对攻击性行为的影响。这一发现支持了上述理论模型。换句话说，暴力视频游戏是通过诱发唤醒愤怒情绪这一中介才增强了幼儿的攻击性行为。究其原因，游戏能调节暴力合理性对儿童内疚感和攻击性的影响（衡书鹏 等，2018），这也与相关研究表明的攻击情绪能导致攻击行为结果一致（应贤慧，戴春林，2008；邱方晖 等，2016；Giumetti & Markey, 2007），但有研究不支持暴力电子游戏对攻击性情绪的唤醒效应（李婧洁 等，2008）。此外，我们进一步发现了男生在暴力视频游戏情境下比女生更容易被激发愤怒情绪（中介），增强攻击性行为，启示教育者应重点对男生进行愤怒情绪的合理宣泄训练，减少因愤怒情绪导致的幼儿攻击性行为的出现。

4.4.5　研究局限与展望

本研究存在如下几点不足：第一，采用横断面取向考察暴力视频游戏对幼儿攻击性行为的短期效应，难以解释接触暴力视频游戏对攻击性行为的长期稳定影响，未来亟待采取纵向追踪取向或聚合交叉取向，更精准考察二者间的因果关系。第二，本研究没有考察幼儿攻击性行为的具体类型（如身体攻击、语言攻击、关系攻击），暴力视频游戏可能对不同攻击行为类型的影响强度不同，未来可考察暴力视频游戏情境下具体类型的攻击性行为的变化差异。第三，尽管我们随机选取了268名幼儿作为实验样本，并采用多元方差分析、中介效应检验和调节效应检验进行了变量关系分析，但效应量统计力可能还不充分，未来可考虑采用多层线性模型（如结构方程模型SEM）考察多层面视频游戏情境变量与幼儿攻击性行为的关系。

4.5　结论

本研究获得如下结论：①与非暴力视频游戏相比，暴力视频游戏显著增强了6岁幼儿的攻击性行为；②与女生相比，男生在暴力视频游戏条件下的攻击性行为显著增强；③愤怒情绪对暴力视频游戏和攻击性行为的因果关系有显著的中介作用；④特质攻击对暴力视频游戏与攻击性行为之间的因果关系没有显著的调节效应。本研究发现了暴力视频游戏（刺激特点自变量）和性别（被试特点自变量）的交互作用显著影响了攻击性行为，也发现了愤怒对视频游戏和攻击性行为的关系存在显著的中介效应，这些发现进一步支持了一般攻击理论模型。

第5章
儿童言语攻击的观察与访谈

　　基于第5章表明的暴力视频游戏能显著增强幼儿的攻击性行为，我们进一步在实践中针对个别幼儿的言语攻击类型进行了实地观察与访谈，试图找到言语攻击的原因和干预方法。尽管已有研究探讨了幼儿的攻击性行为总体水平，但少有研究关注幼儿的言语攻击类型。我们采用个案访谈法和行为观察法，在修改特质攻击量表中言语攻击维度条目的基础上编制了访谈提纲和观察记录表，随机分层选取重庆市辖区某幼儿园的幼儿（ $N = 72$ ）进行了12天的连续观察与访谈。结果表明：①幼儿言语攻击频率随年级的增长而提高，体现为大班>中班>小班的趋势。②幼儿言语敌意攻击随年级的增长而提高，体现为大班>中班>小班的趋势。③幼儿言语主动攻击随年级的增长而降低，体现为小班>中班>大班的趋势，但反应攻击体现为大班>中班>小班的趋势。④男生在言语工具攻击和言语主动攻击上频率显著高于女生。⑤大班幼儿男生在言语攻击男生上频率显著高于小班幼儿男生，幼儿男生在言语攻击男生上频率显著高于女生。鉴于此，教育者应特别关注大班幼儿言语的敌意攻击和反应攻击，应特别关注小班幼儿的言语主动攻击。另外，要重点矫正大班幼儿男生的言语攻击行为。

5.1 引言

麦凯布和利普斯科姆（Mccabe & Lipscomb，1988）将言语攻击定义为"任何被判定为训斥、严厉命令、泄露秘密、戏弄、侮辱、拒绝、对所有权或优先权的敌对主张、揭穿无情的事实、指控、批评、猥亵的语言和其他咒骂"。有研究者将言语攻击定义为"攻击另一个人的自我概念，或攻击其在交流的话题上的立场"（Infante & Wigley，1986）及"攻击一个人的自我概念而导致心理痛苦的行为"（Infante，1995）。郑梅（2007）将言语攻击定义为"攻击者以言语为手段，对攻击对象的人格、名誉、观点、利益等实施侵犯和攻击，以达到对攻击对象的心理进行伤害或破坏攻击对象的社会关系的目的，从而使攻击对象在交际中处于不利地位的一种言语行为"。亦有研究者指出，言语攻击是个体公开直接对受害者造成伤害的意图和行为（Nishioka et al.，2011）。尽管一些研究者在测量言语攻击（Peleg-Oren，Cardenas，Comerford & Galea，2010）或形容言语攻击作为一种间接的攻击方式（Rueger & Jenkins，2014）时已包括了间接攻击，但是有一些研究者主张将言语攻击和间接攻击区分为不同的现象（Card et al.，2008；Wang et al.，2009）。具体而言，研究者认为对受害者的社会地位或人际关系的侵犯是间接攻击，例如八卦、排斥等隐蔽行为，相反，身体和语言行为需要面对面的对抗被认为是直接攻击（Card et al.，2008）。从攻击行为的动机来看，攻击行为可以分为工具性攻击和敌意性攻击。工具性攻击是指向物的攻击，具体是指幼儿试图通过攻击这一手段达到目的的攻击行为；敌意性攻击是指向人的攻击，是指以伤害他人为最终目的的攻击行为（张文新 等，2003）。根据攻击行为的起因，言语攻击可分为主动攻击和反应攻击。主动攻击是指攻击者在未受到来自他人有意识伤害的刺激下主动发起的攻击；反应攻击是指攻击者在遭受到来自他人有意识地攻击后发出的攻击，是一种对外界攻击的反抗性回应（郑梅，2007）。综上，本研究认为幼儿的言语攻击是幼儿蓄意通过言语形式（如取外号、嘲笑辱骂、人际言语排斥）对同伴造成伤害的问题行为。

5.1.1 言语攻击的理论基础

1）挫折—攻击理论

挫折—攻击理论（Frustration-Aggression Theory）认为，挫折总会导致某种形式的攻击，挫折和攻击行为之间存在着普遍的因果联系（Dollard，1939）。研究者进一步引入了情绪唤醒的概念，如攻击线索的认知等中介变量，修正了挫折—攻击理论，提出了攻击线索理论，认为只有当个体所面临的情境中存在激发攻击行为的"攻击性线索"时，其内在的"准备状态"才会转化为外在的行为表现（Berkowitz，1989）。

2）社会学习理论

Bandura提出的社会学习理论（Social Learning Theory，SLT）认为，人类个体并非生来就有一个固定的行为模式库，一切行为方式都是后天学习的结果（Bandura，1978）。人们学会攻击反应，就像他们通过直接经验或通过观察他人学习获得其他复杂形式的社会行为一样，即直接学习和观察学习。社会学习理论通过观察学习过程解释了攻击行为的获得，并提供了一套有用的概念用于理解和描述指导社会行为的信念和期望。

3）一般攻击模型

一般攻击模型（General Aggression Model，GAM）强调，攻击行为的出现决定于个人内部变量（如：敌意特质，对攻击性行为的态度）

和外部情绪变量（如：失败、挫折、暴力等）（Anderson & Bushman，2018）。个体内部状态的变化反映在认知、情绪和生理唤醒三个方面，三者相互作用，彼此激活，决定了个体对攻击行为的评价、判断和攻击动机的形成。

4）新认知联结模型

新认知联结模型（Cognitive-Neoassociation Model，CNM）不仅包含早期的挫折—攻击假说（Dollard，1939），而且它还提供了一个通过负面情绪解释厌恶事件增加攻击倾向的因果机制（Berkowitz，1989），诸如挫折、挑衅、大声喧哗、不舒服的温度和令人不愉快的气味之类的厌恶事件会产生负面影响。同时，不愉快经历产生的负面影响会自动刺激各种思想、记忆、自动表达的运动反应以及相关的生理反应，即愤怒的初步感觉和基本的恐惧感（Berkowitz，1990；1993）。此外，新认知联结模型假设在厌恶事件期间出现的线索与事件以及由事件触发的认知和情绪反应相关联，新认知联结模型还包括高阶认知过程，如评估和归因。

5.1.2　言语攻击与幼儿社会性发展

言语攻击对幼儿的人格和社会性发展有负面影响（Wei & Williams，2004；韩丹华，2016）。以往研究者认为，尽管幼儿外显的身体攻击更容易受到关注，但言语攻击却是幼儿最为普遍的攻击形式（Burke & Nishioka，2014；Donoghue & Raia-Hawrylak，2016；Wang，Iannotti & Nansel，2009），并被认为是潜在的危险社会行为（Morrow et al.，2014）。具体而言，研究者认为，言语攻击会对受害者造成长期的负面效应，包括抑郁、焦虑、逃学、学习成绩差、自我价值感下降、辍学和自杀（Crick & Bigbee，1998；Wei & Williams，

2004）。另有研究发现，频繁遭受父母和同学言语暴力的高中生，大脑中海马体和胼胝体的某些部位的体积变少（Teicher et al.，2010；2018），而海马体是记忆形成的关键脑区，胼胝体是连接左右脑的神经纤维束。过去十几年来，研究者指出言语暴力会改变儿童大脑对感觉信号的处理回路，改变相关脑区的生理结构（Teicher et al.，2018）。可见，较多的言语攻击行为会损害儿童的大脑生理结构和机能。言语攻击在幼儿的日常社会行为中较为常见，幼儿的身体攻击在3～5岁逐渐减少，而言语攻击随着年龄的增长明显增加（曹晓君，陈旭，2012）。幼儿常常表现出不友好的交往方式，攻击性行为较多，亲社会行为较少，会逐渐被其他幼儿所拒绝而排斥在同伴群体之外，严重影响其同伴交往的质量。这些幼儿与同伴的互动逐渐减少，"他们可能会错过许多学习发起、保持社会关系和解决社会冲突的社会技能的机会，以及很多的学习和探索机会，这势必会对幼儿的发展十分不利"（韩丹华，2016）。

5.1.3　幼儿言语攻击的影响因素

生物遗传是影响幼儿言语攻击的生理基础，幼儿言语攻击受制于先天生物遗传因素的影响。一是神经系统的影响，有生理学家提出，小脑成熟延迟，传递快感的神经道路发育受阻，所以很难感受和体验到愉快与安全，可能导致攻击行为产生。二是基因的影响，"有攻击行为的儿童的父母身上可能存在着某些微小基因缺陷，受到遗传基因倾向影响的儿童在后天的环境中会将其表现出来"（李锋，2010）。认知缺陷是影响幼儿言语攻击的内部原因。社会认知模型理论认为，社会认知缺陷会导致儿童攻击性行为，这种缺陷会导致儿童遭遇人际冲突时无法运用非攻击式的方式解决。而且当别人的意图不明了时，儿童会倾向于解释为他人是有敌意的，导致产生攻击性行为（李锋，2010）。家庭环境是影响幼儿言语攻击的主要场所。和谐的家庭环境是幼儿健康生存与发展的前提和基础，温暖、互助或是疏远、冷漠的家庭氛围对幼儿的社会行为有潜移默化的影响。如若父母之间的交流相处是文明和谐、友爱理性的，那么幼儿也会被父母的交流方式影响，较少出现言语攻击；如果父母之间经常争吵，甚至破口大骂，那么幼儿会更容易在人际交往中出现言语攻击。有研究表明，采用"溺爱型、放任型和专制型"的父母教养方式将显著增强幼儿的攻击性行为，而采用"民主型"教养方式将会减少幼儿的攻击性行为（解男，2015）。社会情境是影响幼儿言语攻击的外部诱因。幼儿处于社会之中，尤其是现在网络发达及网络环境十分复杂，环境因素对幼儿的影响越来越大。幼儿辨别是非能力差，但是模仿性强，很容易从掺杂攻击行为的动画片、电视剧、电影中习得攻击行为（Bandura，2001）。有研究表明，短暂接触暴力动画片比非暴力动画片引发了更高的攻击性思维和攻击性行为水平（Zhang et al.，2019），并且现在的幼儿很容易接触到各种电子游戏，"因为这些有暴力行为的视频游戏奖励了不道德的行为（例如偷车、杀人），他们可能会让玩家相信不道德的行为没什么大不了的，当游戏关闭之后这些道德脱离的信念可能会从虚拟世界渗透到现实世界中"（Teng et al.，2018）。如果幼儿园老师教育幼儿的方式比较粗暴，惯用叫、吼、骂的方式来教育幼儿，也会让幼儿的言语攻击增多。再加上幼儿在家里多是被父母亲人宠爱的对象，有求必应，而且接触的人相对较少，人际关系比较简单，但是到了幼儿园，同伴交往增多，并且要求幼儿必须学会遵守规则，学会分享空间和物品，当幼儿还没有适应分享时，就容易因为消极情绪而引发攻击行为。

5.1.4 现有研究的不足

第一，从研究对象看，针对幼儿言语攻击的实证研究缺乏。尽管已有研究者考察了幼儿攻击性行为，但大多聚焦幼儿的身体攻击，较少关注言语攻击（李兴，2001；张文新，纪林芹，2003；曹晓君，陈旭，2012；曹晓君，夏云川，2018）。同时，尽管已有研究考察了言语攻击、言语欺凌、言语暴力和言语虐待，但大多聚焦小学生行为（简福平，2005；张金秀，2012；栾程程，2014；李静逸，2016）、青少年行为（刘灵，2005；余相静，2014；成康，2017）、大学生的攻击行为（倪林英，2005；张照，2016；柯美玲，2017）以及父母对于孩子的言语虐待（刘思一，2016），缺乏研究幼儿的言语攻击。

第二，从研究方法看，采用观察和访谈相结合的幼儿言语攻击研究缺乏。当前，尽管已有研究者主要采用了自然观察法（张文新，张福建，1996；张文新，1997；贾宏燕，2008）、调查法（王姝琼，张文新，2011；曹晓君，陈旭，2012；解男，2015）或内容评述法（李兴，2001；刘晓静，2002；窦维杰，2004；李锋，2010）开展研究，但并未针对具体的儿童攻击性行为类型进行量化研究。

第三，从研究学科看，儿童心理学视角下的幼儿言语攻击研究缺乏。已有研究大多从语言学、社会学角度探讨言语攻击，如对反语、讽刺、比喻等辞格分析的修辞学研究；对辩论、谈判等语言运用技巧的探索；对詈骂语的文化阐释，或足球场上的言语攻击等（唐善生，2003；杨春红，2005；赵阳，石岩，2006），较少从儿童心理学的视角考察幼儿言语攻击，在实践中也缺乏言语攻击的教育指导。

综上，本研究采用个案访谈法、自然观察法和专家咨询法，随机选取大班、中班和小班幼儿为研究对象，对他们的言语攻击行为进行量化分析，探讨言语攻击的成因，尝试提出解决幼儿言语攻击的教育对策。

5.2 方法

5.2.1 被试

2019年春季学期，研究者随机分层选取重庆市某幼儿园的96名幼儿（男 = 49，女 = 47）作为言语攻击的观察被试，他们的年龄范围从3岁到6岁7个月（M = 4.68，SD = 0.94）。96名幼儿包括小班、中班和大班各一个班级，小班、中班、大班幼儿各32名，对这些幼儿进行个案访谈（访谈提纲见附录二）。

5.2.2 研究工具

1）言语攻击问卷

选择攻击水平量表（Buss-Perry Aggression Questionnaire，BPAQ；Buss. & Perry，1992）中言语攻击维度总计5个题项，作为言语攻击的测量指标，每个条目从低到高分别计为1～5分（1代表非常不符合，5代表非常符合。选1计1分，选5计5分，以此类推），得分越高表示攻击性越强，该问卷的内部一致性信度系数为 0.94。根据已有研究（Kelly，1939），在选取的儿童整群抽样回答的分数中，总分前27%为高攻击性特质者，分数位于后27 %的为低攻击性特质者，其余的为中等攻击性特质者。在本研究中，选取不同班级中分数位于前73%的幼儿确定为最终的观察对象。经筛选最终确定小班、中班、大班各24名幼儿，其中小班男生11名、女生13名，中班男生12名、女生12名，大班男生14名、女生10名，共计72名幼儿（男 = 37，女 = 35）。

2）言语攻击结构式访谈提纲

本研究使用BPAQ攻击性水平量表的5个题项，作为本研究的结构式访谈工具（见表5-1），用于筛选出高攻击性特质幼儿和中等攻击性特质幼儿。访谈时由研究者口头将这些问题读给幼儿听，幼儿回答后研究者将回答记录下来。

表 5-1 言语攻击结构式访谈细目表

姓名 _____ 班级 _____ 性别 _____		
当我和朋友的观点不一致时，我会毫不隐瞒地告诉他们。	非常不符合 非常符合	1 2 3 4 5
当别人不同意我的观点时，我禁不住会争论起来。	非常不符合 非常符合	1 2 3 4 5
我会突然发怒，但很快就会平息下来。	非常不符合 非常符合	1 2 3 4 5
当人们惹恼我时，我会告诉他们我是如何看待他们的。	非常不符合 非常符合	1 2 3 4 5
我的朋友说我有些好辩论。	非常不符合 非常符合	1 2 3 4 5

3）言语攻击观察评定表

根据攻击行为的动机，攻击行为可分为工具性攻击和敌意性攻击；根据攻击行为的起因，言语攻击可分为主动攻击和反应攻击；攻击行为的强度可根据攻击者使用言语攻击的用词、语气等的恶劣程度和被攻击者的反应进行综合评估。本研究在国内外研究基础上（Bushman & Anderson，2001；郑梅，2007；王姝琼，张文新，2011）结合专家咨询，从攻击动机（工具性攻击和敌意性攻击）、攻击起因（主动攻击和反应攻击）、攻击对象性别和攻击强度四个维度编制《幼儿言语攻击观察评定表》（见表5-2），对言语攻击行为进行了详细的观察记录，由观察者根据观察获得的信息直接做出评定。对观察对象进行非参与式的自然观察，每个班各观察四天，观察时间从早上9：00到中午12：00，下午14：30到17：00，站在角落，尽量不引起幼儿的注意，对幼儿的区域活动和户外活动中的言语攻击进行观察并记录。

表5-2　幼儿言语攻击观察评定表

观察时间：　　　　　　观察地点：		
班级：　　　　年龄：　　　　性别：		
攻击方法：1.取外号　2.取笑嘲讽他人　3.辱骂他人　4.人际言语排斥		
维度	操作定义	评定结果
攻击动机	指向物的攻击或是指向人的攻击	
攻击起因	攻击者主动发起攻击或是对外界攻击的回应	
攻击对象性别	男生或是女生	
攻击强度	根据攻击者的用词、语气等的恶劣程度及受害者的反应综合评估	1～2～3～4～5～6～7～8～9
注：攻击强度从1～9从低到高表示强度递增		

5.3　结果

5.3.1　描述性统计分析

共收集到观察记录样本87件，删除样本21件，删除标准为：①记录不完整（$N = 12$）；②不符合定义（$N = 9$），最终获得有效言语攻击行为的样本总数为66件，采用SPSS 21.0软件进行数据的统计与分析（见表5-3和表5-4）。

5.3.2　幼儿言语攻击的年级差异

以班级为固定自变量，以工具攻击、敌意攻击、主动攻击、反应攻击、攻击男生、攻击女生为因变量，进行单因素方差分析的 F 检验（One-way ANOVA）。分析得到了样本的平均值（M）和标准差（SD），并进行了幼儿言语攻击年级差异的统计学显著性检验（见表5-3）。由表5-3可见，小班、中班、大班幼儿言语攻击在敌意攻击上具有显著差异［$F(2, 63) = 19.03$，$p<0.001$，$d = 0.77$］。多重比较（Scheffe检验）表明，小班幼儿言语敌意攻击与中班幼儿不存在差异（$p>0.05$），与大班幼儿存在极显著差异（$p<0.001$），中班幼儿敌意攻击与大班幼儿具有显著差异（$p<0.001$）；小班、中班、大班幼儿言语攻击在主动攻击上具有显著差异［$F(2, 63) = 5.45$，$p<0.05$，$d = 0.41$］。多重比较（Scheffe检验）表明，小班幼儿言语主动攻击与中班幼儿差异不明显（$p>0.05$），与大班幼儿具有显著差异（$p<0.05$），中班幼儿主动攻击与大班幼儿不具有显著差异；小班、中班、大班幼儿言语攻击在反应攻击上具有显著差异［$F(2, 63) = 7.17$，$p<0.05$，$d = 0.47$］。多重比较（Scheffe检验）表明，小班幼儿言语反应攻击与中班幼儿差异不明显（$p>0.05$），与大班幼儿具有显著差异（$p<0.05$），中班幼儿反应攻击与大班幼儿具有显著差异（$p<0.05$）；小班、中班、大班幼儿言语攻击在攻击男生上具有显著差异［$F(2, 63) = 9.28$，$p<0.001$，$d = 0.53$］。多重比较（Scheffe检验）表明，小班幼儿言语攻击男生与中班幼儿不具有显著差异（$p>0.05$），与大班幼儿具有显著差异（$p<0.001$），中班幼儿与大班幼儿不存在显著差异（$p>0.05$）。另外，小班、中班、大班幼儿言语攻击在工具攻击、攻击女生上均不显著（$p>0.05$）。

表5-3　不同班级幼儿言语攻击观察评定比较

攻击类型	小班（$N = 22$）	中班（$N = 22$）	大班（$N = 22$）	$F(df_1, df_2)$	p
工具攻击	2.18 ± 0.85	3.50 ± 2.13	3.00 ± 3.07	1.99（2, 63）	0.15
敌意攻击	1.36 ± 0.79	2.40 ± 1.97	5.36 ± 3.23	19.03***（2.63）	<0.001

续表

攻击类型	小班（$N = 22$）	中班（$N = 22$）	大班（$N = 22$）	F（df_1，df_2）	p
主动攻击	2.09±0.92	3.68±2.19	4.36±3.29	5.45**（2，63）	0.007
反应攻击	1.45±0.80	2.23±1.77	4.00±3.45	7.17**（2，63）	0.002
攻击男生	1.59±0.80	3.14±2.12	4.82±3.66	9.28***（2，63）	<0.001
攻击女生	1.95±1.00	2.77±2.11	3.54±2.92	2.99（2，63）	0.06
言语攻击	1.77±0.34	2.95±0.51	4.18±0.63		

注：$*p < 0.05$，$**p < 0.01$，$***p < 0.001$。

5.3.3 幼儿言语攻击的性别差异

以性别为分组自变量，以工具攻击、敌意攻击、主动攻击、反应攻击、攻击男生、攻击女生为因变量，进行独立样本 t 检验（见表5-4），得到了样本的平均值（M）和标准差（SD）。采用独立样本 t 检验，考察了幼儿言语攻击的性别差异，获得了男生和女生在言语攻击上的统计结果（见表5-4）。不同性别幼儿言语攻击在工具攻击上具有显著差异，其中男生言语工具攻击显著高于女生（$M = 3.48$［$SD = 2.60$］>$M = 2.30$［$SD = 1.67$］；t［64］ = 2.20，$p<0.05$，$d = 0.54$）；不同性别幼儿言语攻击在主动攻击上具有显著差异，其中男生言语主动攻击显著高于女生（$M = 4.15$［$SD = 2.60$］>$M = 2.60$［$SD = 1.95$］；t［64］ = 2.63，$p< 0.05$，$d = 0.65$）；不同性别幼儿言语攻击在攻击男生上也具有极显著差异，其中男生言语攻击男生显著高于女生（$M = 4.30$［$SD = 3.13$］>$M = 2.06$［$SD = 1.84$］；t［64］ = 3.55，$p<0.001$，$d = 0.87$）。另外，男女幼儿言语攻击在敌意攻击、反应攻击、攻击女生上均不具有显著差异（$p> 0.05$）。

表 5-4　不同性别幼儿言语攻击观察评定比较

攻击类型	男生（N = 33）	女生（N = 33）	t	p
工具攻击	3.48+2.60	2.30+1.67	2.198	0.032
敌意攻击	3.12+3.12	2.97+2.44	0.220	0.827
主动攻击	4.15+2.76	2.60+1.95	2.625	0.011
反应攻击	2.45+2.73	2.67+2.27	−0.343	0.733
攻击男生	4.30+3.13	2.06+1.84	3.552	0.001
攻击女生	2.30+2.17	3.21+2.22	−1.682	0.097
言语攻击	3.30+1.19	2.64+0.93		

注：$*p < 0.05$，$**p < 0.01$。

5.4　讨论

5.4.1　小班、中班与大班幼儿的言语攻击总体水平存在显著性差异

本研究发现，幼儿言语攻击频率随年级的增长而提高，体现为大班>中班>小班的趋势，这一研究结果与以往研究一致（张文新，张福建，1996；纪林芹，2007；曹晓君，陈旭，2012；徐文，唐雪珍，2017）：随着年龄的增长，幼儿的身体攻击减少，而言语攻击明显增加。言语攻击的实现，需要幼儿具备较好的言语表达能力及控制行为冲动的能力，幼儿随着年龄增长，言语逐步发展、语言表达能力增强，认知的发展、自我控制水平越来越高，身体攻击也就越来越少，渐渐被言语攻击取代。本研究表明，小班、中班、大班幼儿言语攻击在工具攻击维度不存在显著差异，但幼儿言语敌意攻击随年级的增长而提高，体现为大班>中班>小班的趋势，这一结果与前人的研究结果一致（张文新，张福建，1996；张福建，2003；徐文，唐雪珍，2017）：幼儿的攻击行

为表现出一种随着年龄增长，以工具攻击为主向敌意攻击为主的变化趋势。有研究发现，幼儿的敌意攻击频率越来越高的原因主要是幼儿社会认知能力的发展，尤其是识别他人行为的意图和原因能力的发展（张文新，张福建，1996）。在和同伴的消极互动中，当他们认为对方是故意伤害自己，也就会更倾向于对对方做出敌意攻击。本研究显示，从攻击起因上看，幼儿言语主动攻击随年级的增长而降低，体现为小班>中班>大班的趋势，但反应攻击体现为大班>中班>小班的趋势，这一研究结果与前人的研究结果一致（张文新，2003；徐文，唐雪珍，2017）：幼儿在行为起因上，主动攻击多于反应攻击。从年级上看，大班幼儿的主动攻击及反应攻击和小班幼儿具有显著差异，在反应攻击上和中班幼儿具有显著差异，但在主动攻击上不存在差异。幼儿处于认知快速发展、对周围环境非常好奇、喜欢主动探索的阶段，但是在探索过程中，如果遭遇阻碍和挫折，就容易导致攻击行为的产生。中班、大班幼儿身体较之前更为强壮，组织结构和器官功能增强，身体动作灵活性增强；而随着幼儿的动作和认知能力提高，模仿能力逐渐增强，容易把模仿的内容逐渐内化并在实际生活中表现出来，所以中班、大班幼儿更多地发起主动攻击。但是大班幼儿可以逐渐察觉到在不同的攻击情境中同伴行为的意图，并会根据自己的认知对同伴的行为做出相应反应，所以大班幼儿言语反应攻击显著增加，而中班、小班幼儿被他人攻击时，更多的选择是向家长、教师告状。

5.4.2 幼儿言语攻击存在显著的性别差异

一方面，本研究发现了男生在言语工具攻击和言语主动攻击上频率显著高于女生，这一结果与前人的研究一致（Hartup，1974；张文新，2003；解男，2015；徐文，唐雪珍，2017）：男生的攻击行为水平总体

高于女生，无论是身体攻击、言语攻击、工具攻击，还是主动攻击。有
研究证明，2岁的幼儿开始意识到性别刻板印象（Kohlberg，1966），
并且随着年龄增长，幼儿逐渐学习到社会期望对男性和女性的行为要
求，并利用这些信息指导和控制他们自己的行为适应社会交往，女生的
攻击行为就明显减少，而男生的攻击行为下降不多。另一方面，本研究
表明大班幼儿男生在言语攻击男生上频率显著高于小班幼儿男生，幼儿
男生在言语攻击男生上频率显著高于女生，这一研究发现与前人研究结
果一致（张文新，1996；徐文，唐雪珍，2017）：随着幼儿年龄的增
长，攻击性行为在同性别幼儿之间逐渐增加，异性别幼儿之间逐渐减
少，男生攻击男生远多于攻击女生，女生攻击女生远多于攻击男生。根
据已有研究，5岁以后，儿童性别角色认同达到"坚定性阶段"，对自己
和他人的性别获得了准确而稳定的认识（Kohlberg，1966）。随着幼儿
性别角色认知的发展，幼儿在活动和社会交往中更多选择同性别幼儿，
由于幼儿的言语攻击主要是来自同伴间的消极互动，因而他们言语攻击
的对象也多为同性别幼儿。

5.4.3　幼儿言语攻击存在显著的总体水平和性别差异的原因

为什么幼儿言语攻击存在显著总体水平差异和性别差异？究其原因
在于：

第一，幼儿自身原因。一方面，幼儿的不稳定情绪容易产生言语
攻击行为。每个幼儿的气质和性格都是不一样的，有研究者发现婴儿
就已存在气质上的个别差异，如有的活泼好动，易接近陌生人；有的
易烦躁、易激动；而有的婴儿则较为安静和平稳（Thomas & Chess，
1977），而性格又是在先天气质的基础上与周围环境相互作用的过程中
形成的。幼儿喜欢参与活动，喜欢探索外界环境，但遇到挫折，自身想

要达到的目标被阻碍时，不同个性的幼儿有不同的选择：攻击行为或是退缩行为，情绪易激动、行为易冲动的幼儿自我控制能力较差，会更容易选择攻击行为；而性格敏感、怯懦，心理反应速度慢的幼儿则容易出现退缩行为。另一方面，幼儿好模仿的性格特点使其容易习得言语攻击行为。模仿是低龄幼儿最重要的学习方式，言语、技能等可以通过模仿习得，但是幼儿的模仿是无选择的。班杜拉观察学习的经典实验发现，在模仿攻击行为方面，幼儿之间不存在差异，榜样行为的结果对他们的观察学习几乎没有影响，只会影响模仿的表现（Bandura，1978）。幼儿的善恶观念、是非观念浅薄，在模仿时很难分辨哪些行为是好的、哪些是不应模仿的，所以当幼儿处于充满言语攻击的环境里，很容易模仿并且产生言语攻击。

第二，家庭氛围原因。一方面，不良家庭教养方式将导致幼儿产生言语攻击行为。家庭是幼儿生活和成长的主要环境，父母不同的教养方式对于幼儿的心理、性格特征有着不同的影响。有研究表明，溺爱型、放任型和专制型的父母教养方式将显著增强幼儿的攻击性行为，而采用民主型教养方式将会减少幼儿攻击性行为（解男，2015）。现在的年轻父母因为工作原因或缺乏必要的教育经验和方法，有可能会对孩子娇宠或者过于严格地管教。还有一些选择把孩子交给祖父母帮助抚养，隔代教育可能会存在溺爱和教育态度不一致的问题，从而使孩子无所适从，形成焦虑等不良性格。这些家庭教养方式下培养出的孩子在同伴交往中容易出现不良行为，被同伴排斥，导致攻击行为的产生。另一方面，不完整的家庭结构会导致幼儿的言语攻击行为增多。研究表明，父母的婚姻关系也是影响儿童攻击性行为发展的重要因素，不良的婚姻中父亲对孩子的表扬、赞赏等积极反馈较少，干扰孩子活动过多；而母亲不仅给孩子的消极反馈多，而且更多运用命令及强制性的建议来控制孩子的活动，由此极大地影响儿童的行为发展（Crockenberg & Leerkes，2007）。单亲家庭和离异家庭因为婚姻的结束，亲子关系也发生巨大的变化，父母角色的不稳定或者缺失，令幼儿心理很难适应。另外，一段婚姻关系的结束，大多带着愤怒、埋怨和矛盾。父母会在孩子面前争吵、抱怨、发泄自己的不满，幼儿容易产生不安全感、孤独感、多疑、孤僻等心理问题，严重影响幼儿的社会活动和人际交往。

第三，社会传媒原因。社会传媒是影响幼儿言语攻击的重要因素（高竹青，2016）。有研究发现，即使在学校里，幼儿观看几个小时的攻击视频后会在当下表现出攻击行为，观看了更长时间攻击视频的幼儿表现出了更高水平的攻击（Ostrov，2006）。另有研究发现，与非暴力游戏玩家相比，在玩暴力游戏后，攻击强度增强的青少年数量增加（Zhang et al.，2018）。幼儿天生好模仿，并且分辨能力低，是非观念薄弱，所以当幼儿接触的影视作品、游戏、书籍中存在暴力行为、言语攻击或身体攻击时，幼儿就会无意识地学习模仿，并且在现实生活中表现出来。

5.4.4　研究贡献、局限与教育启示

本研究有如下主要贡献：一方面，针对目前学前教育领域对幼儿言语攻击领域的实证研究较少的状况，本研究通过对幼儿的言语攻击进行观察，客观分析言语攻击成因，并在此基础上提出了教育对策，为家长、教师、政策制定者了解言语攻击提供儿童心理学的理论依据，为教育者提供了实践建议。另一方面，针对幼儿具体类型攻击性行为的研究存在缺失，本研究聚焦幼儿言语攻击这种攻击行为类型进行了大量文献分析，通过统计学差异显著性检验深入分析幼儿的言语攻击及其个体差异，为幼儿教师、家长和政策制定者预防和干预幼儿的言语攻击行为提

供了研究参考。但本研究使用观察法测量幼儿的言语攻击，由于与幼儿有一定距离，某些言语攻击不像身体攻击那么容易观察，可能存在缺漏。另外本研究样本量不够大，这些将作为未来研究着重改进的地方，为进一步研究幼儿言语攻击提供方向。

本研究通过幼儿言语攻击的观察与访谈，获得如下教育启示：

第一，教育者应及时干预矫正幼儿的言语攻击行为。本研究发现，幼儿言语攻击频率随年级增长而提高。幼儿随着年龄的增长，语言表达能力增强，逐渐出现言语攻击。言语攻击是幼儿在成长过程中必然会出现的行为，家长和教师需要重视关注这个问题，但是不能把言语攻击视为很恶劣的行为而批评、斥责、惩罚幼儿，这样会适得其反，引起幼儿的逆反心理。幼儿家长和教师应正视幼儿的言语攻击，在幼儿出现言语攻击的时候及时教育，让幼儿明白言语攻击会对别人造成伤害，并且慢慢教会幼儿学会辨识和控制自己的情绪，在遇到挫折、不愉悦的情绪时，控制好自己的情绪、行为，减少言语或身体攻击行为的出现。但是有些幼儿为了引起教师和其他小朋友的关注，故意对别人进行言语攻击，教师应注意甄别。如果有意关注这类幼儿，有时反而会强化他们的言语攻击。面对这样的情况，教师可以选择暂时不理睬和忽略，并且表扬幼儿的其他有积极意义的行为，引导他们明白什么样的行为是会被接受和鼓励的，在适当的时候再对他们进行教育。

第二，教育者应培养幼儿对同伴言语攻击的同理心。本研究发现，幼儿言语敌意攻击存在显著差异，体现出随着年龄增长，幼儿的攻击性行为呈以工具性攻击为主向敌意性攻击为主的变化趋势。因为随着幼儿年龄增长，认知能力提高，当和同伴产生消极冲突并坚持认为对方是有意伤害自己时，就会更容易向对方进行敌意攻击。该研究结果启示幼儿家长和教师应注重培养幼儿对同伴言语攻击的同理心。同理心是一种人格特征，具有主动性，注重对现实情境的把握。有研究者认为，同理心（empathy）是指对一些需要帮助的人感同身受和关心，是影响亲社会行为的重要因素（Dovidio et al., 2005）。培养幼儿的同理心可以先引导幼儿学会倾听、体会自己的感受，选择适当的方法表达出自己的感受。然后引导幼儿学会倾听、体会别人的感受，理解、体谅他人的感受，产生共鸣。

第三，教育者应为幼儿提供充足的活动场地和玩具器材减少言语攻击。在本研究中，从攻击起因上看，幼儿言语主动攻击频率高于反应攻击；从年级上看，大班幼儿的主动攻击及反应攻击和小班幼儿均具有显著差异。因为中班、大班的幼儿身体组织和器官发育更完善，肌肉力量增强，身体更强壮，有着旺盛的求知欲和探索欲，当他们在探索中遇到挫折，或者和同伴发生消极冲突时，就会更多地发起主动攻击。该研究结果启示幼儿家长和教师应将中班、大班幼儿作为言语攻击干预的重要群体。建议教育者在幼儿自由活动时，给幼儿提供宽敞的场所和充足的玩具器材供幼儿自由地探索，避免幼儿因争抢玩具空间而产生攻击行为，并且制定规则，强调遵守相应的规则，让幼儿学会约束自己的行为。呈现给幼儿的书籍、图片、视频、游戏应该经过仔细挑选，避免有攻击行为的血腥、暴力的场景。

第四，教育者应通过自身的角色榜样减少幼儿对言语攻击的模仿。本研究发现，就不同方式的攻击而言，男生的工具攻击、主动攻击频率均高于女生。幼儿三岁以后性别认同能力发展较为迅速，在这一过程中，他们开始模仿父母的角色要求来获得社会期望的态度和行为方式，并利用这些信息控制自己的行为。该研究结果启示幼儿家长和教师应努力克服角色刻板观念的束缚，做好角色示范。如男性不仅具有积极、爱冒险、有支配性、独立等特征，也可以表现出温柔、谦让、善解人意的一面。建议教育者在教育孩子的时候要尽量避免典型男性化和典型女性化的倾向，努力创设适合培养幼儿双性化性格的环境。

第五，教育者应通过培养幼儿的亲社会行为而减少言语攻击的发生。本研究发现，随着年龄的增长，幼儿攻击同性别幼儿比异性别幼儿的频率提高，随着幼儿性别角色认知的发展，在活动和社会交往时会更多地选择同性别幼儿，所以他们言语攻击的对象也多为同性别幼儿。该研究结果启示幼儿家长和教师应重视培养幼儿的亲社会行为。建议教育者在幼儿的日常生活中强调分享和谦让等亲社会行为，帮助幼儿分析他们遇到的交往问题，学会正确认识交往中存在问题的原因，在面临冲突的时候选择正确的方式处理冲突。

5.5 结论

本研究获得如下结论：①幼儿言语攻击频率随年级的增长而提高，体现为大班>中班>小班的趋势，启发教育者应及时干预矫正幼儿的言语攻击行为。②幼儿言语敌意攻击随年级的增长而提高，体现为大班>中班>小班的趋势，启发教育者应培养幼儿对同伴言语攻击的同理心。③幼儿言语主动攻击随年级的增长而降低，体现为小班>中班>大班的趋势，但反应攻击体现为大班>中班>小班的趋势，启发教育者应为幼儿提供充足的活动场地和玩具器材减少言语攻击。④男生在言语工具攻击和言语主动攻击上频率显著高于女生，启发教育者应通过角色示范减少男生对言语攻击的模仿。⑤大班幼儿男生在言语攻击男生上频率显著高于小班幼儿男生，幼儿男生在言语攻击男生上频率显著高于女生，启发教育者应通过培养幼儿的亲社会行为减少言语攻击。

第 6 章
亲社会动画情境下儿童攻击性认知与攻击性行为的教育干预

　　基于第5章探讨的幼儿言语攻击的观察和访谈结果，我们试图找寻一种相对客观并便于操作的儿童攻击性认知与行为干预的视频教育手段。本章基于一般学习模型（General Learning Model，GLM）和社会学习理论（Social Learning Theory，SLT），考察了亲社会动画榜样与幼儿攻击性认知和攻击性行为潜在的因果关系，首先评定遴选了5部亲社会榜样动画片，经同伴提名和教师提名，随机分层抽取了有攻击性行为倾向的174名5～6岁的幼儿（50%女）参与实验，87名幼儿连续5天观看有亲社会榜样的动画片（实验组），87名幼儿不观看动画片（对照组）。采用修正后的语义分类任务（Modified Semantic Classification Task，MSCT）和竞争反应时任务（Competitive Reaction Time Task，CRTT）测量攻击性认知和攻击性行为。研究结果发现：①与不看动画片相比，亲社会动画榜样显著减少了攻击性认知和攻击性行为；②与女生相比，亲社会动画榜样显著减少了男生的攻击性认知和攻击性行为；③与5岁幼儿相比，亲社会动画榜样显著减少了6岁幼儿的攻击性认知和攻击性行为；④攻击性认知部分中介了亲社会动画榜样与攻击性行为的因果关系；⑤攻击性认知部分中介了亲社会动画榜样与6岁幼儿攻击性行为的因果关系。这些研究发现表明，连续5天观看亲社会动画榜样能显著减少幼儿的攻击性认知和攻击性行为水平，男生和6岁幼儿在亲社会动画榜样情境中的攻击性认知和行为减少幅度最大，攻击性认知是亲社会榜样减少攻击性行为的中介变量。动画片制作商、幼儿教师、家长和政策制定者可利用亲社会动画榜样作为刺激物减少幼儿攻击性认知与攻击性行为，并可将男生（特别是6岁男生）作为亲社会动画榜样情境下攻击性行为预防和干预的重点群，教育者可通过采取减少攻击性认知的方式降低幼儿的攻击性行为水平。

6.1　引言

亲社会媒体是指常常伴随有亲社会行为（如合作、分享、捐赠等）的场景和内容的传播媒介（Eisenberg et al.，2015）。"亲社会行为"通常表示攻击性行为的对立行为。Krebs（1994）在整合不同研究者们的观点后，把亲社会行为看作一个连续体，一端是最大限度增加自我利益的行为朝向，另一端是最大限度增加他人利益的行为朝向，即人们在共同的社会生活中经常会表现出类似这样的行为，比如帮助、分享、合作、安慰、捐赠、同情、关心、谦让、互助等。此类行为都是亲社会行为。 班杜拉观察学习理论认为，观察亲社会行为的榜样对人们会产生重大的影响，不管是成人还是儿童都会因为观察到的亲社会行为，而表现出更多的亲社会行为（Bandura，1985）。已有研究认为亲社会榜样包括帮助、捐赠、分享、安慰和合作行为榜样（Drummond et al.，2015）。鉴于此，本研究中的亲社会动画榜样是指动画片中试图帮助他人解决困难的利他行为的动画角色榜样，主要包括助人榜样、捐赠榜样、分享榜样、安慰榜样和合作榜样。

国内研究者认为，攻击性行为是一种针对他人的敌视、伤害或破坏性的行为（林崇德，1995）。幼儿攻击性行为主要表现为指向物的工具性攻击和指向人的敌意性攻击（Hartup，1974；王益文，张文新，2002）。早期儿童专家们认为身体和关系攻击是学龄前儿童常见的和突出的攻击性类型（Crick et al.，2006），在幼儿园现实生活中，幼儿的身体攻击性行为主要表现为争抢玩具、空间的工具性攻击等，如推朋友、掐朋友、踢朋友、咬朋友、捏朋友的喉咙或脖子、吐口水、让朋友摔倒、扔球到朋友的脸上、把沙子扔到朋友的眼睛里等行为（Özdemir & Tepeli，2015）。本研究中攻击性行为的操作性定义为幼儿为虚拟对手设置的噪声等级强度。噪声强度设置分数越高，攻击性行为水平越高；噪声强度设置分数越低，攻击性行为水平越低。

过去几十年以来，大众传播媒介与儿童攻击性相关变量的关系是国际儿童心理学家探究的热点，但研究结论存在巨大争议（Anderson et al.，2017；Kamper-DeMarco & Ostrov，2018；Zhang et al.，2019）。儿童攻击性行为的出现主要受遗传基因、饮食、家庭和社会环境等多变量的影响（Taylor et al.，2010；Waddell，2012；Park et al.，2014），而大众传播媒介是影响儿童攻击性心理与行为的重要诱因（Geen，2002）。随着动画视频产业的飞速发展，动画片成为幼儿喜闻乐见的主要学习媒介，是影响幼儿攻击性水平的主要刺激变量。目前许多研究者聚焦暴力动画对儿童攻击性行为的影响（Kirsh，2006）。也有少数研究者关注亲社会媒介对儿童攻击性行为的影响（Kapp，2012；Velez & John，2015）。一般学习模型（The General Learning Model，GLM）和社会学习理论（Social Learning Theory，SLT）明确指出，接触亲社会媒体对行为会产生短时和长时效应，亲社会媒体的接触不仅能增加个体的亲社会行为，还能有效降低个体的攻击性水平（Buckley & Anderson，2006；Bandura，1973；Greitemeyer & Cox，2013）。尽管西方儿童心理研究者通过实验探讨了动画片与儿童攻击性行为的关系，但我国相关实证研究较少。有鉴于此，我们探讨中国文化背景下动画片中的亲社会榜样对幼儿攻击性认知和攻击性行为的影响。

6.1.1 幼儿攻击性行为干预研究的相对缺失，动画片与幼儿攻击性行为的密切关联

攻击性行为是一种反社会行为，常常影响儿童的同伴关系和友谊

质量（Asher & Dodge，1986；Newcomb et al.，1993；Parker & Asher，1987）。相关基础研究表明，在儿童的环境状况保持相对不变的情况下，攻击性较强的幼儿成长到5岁的时候依然会是好斗的（Cummings et al.，1989）。并且5～12岁儿童的攻击性状况是青少年攻击性行为有效预测指标（Cairns et al.，1989；Caspi et al.，1987；Huesmann et al.，1984）。在幼儿园中攻击性行为是一种不受同伴和老师欢迎的行为，但却经常发生在幼儿之间。如果家长和老师忽视幼儿的攻击性行为，即使是性格比较温和的孩子，在攻击他人并从中获得"好处"后，也会变得专横，而且原就有攻击性的孩子得到"好处"后，其攻击行为会日趋严重（马剑侠，2002）。长此以往，会严重影响幼儿的社会交往，影响其健康成长。研究表明，对攻击性的干预越早，儿童改善的可能性就越大（Sroufe & Alan，1997）。但目前国内攻击性研究对象主要为儿童青少年，针对幼儿攻击性行为的干预策略研究相对较少且效果不一。所以，及时采取相应的措施改善幼儿的攻击性行为成为我们需切实探究的现实要求。

自20世纪90年代起，动画片已成为儿童最喜欢的媒体节目（蒋万宇，2013）。我国自2004年《关于发展我国影视动画产业的若干意见》等一系列扶持政策实施以来，在政策扶持和市场杠杆的双重引导下，动画产业蓬勃发展，不断推出一系列的精品动画片，吸引了大批量的幼儿甚至是成年人。2018年前10个月备案公示的国产电视动画片剧目数量为389部171 630分钟，同比增长均达到36%（关文旭，2019）。我国动画片播出时间长度也从2011年的280 255小时增长到2018年的374 500小时。随着社会的快速发展，成年人工作任务越来越繁重的情况下，动画片凭借其对儿童独特的吸引力自然而然地成为父母防止幼儿干扰其工作或做家务的电子保姆。研究者从不同的角度证实了动画片对幼儿道德发展、情感、社会化、行为等方面的影响（Riwinoto et al., 2015; Ogle et al., 2017）。以往研究多聚焦于暴力动画，相关研究发现暴力动画与幼儿的攻击性行为呈正相关，当儿童在电视面前待的时间增加，不仅他们的攻击性行为会随之增加，而且他们积极的社会行为也会随之减少（Sprafkin et al., 2010; Sanson & Muccio, 1993），观看暴力动画能预测幼儿在现实生活中的攻击性水平（Büyüktaskapu et al., 2017; Soydan et al., 2017）。由此，动画片与幼儿攻击性行为密切相关。随着积极心理学的发展，部分学者开始关注到动画中的亲社会内容对幼儿认知和行为的影响，动画片中的亲社会榜样是否对幼儿的攻击性认知和攻击性行为产生影响？对哪些群体会重点产生影响？年龄、性别和攻击性认知是否是影响攻击性行为重要的调节变量和中介变量？这些问题需通过实证研究进行探索。

6.1.2　一般学习模型和社会学习理论

Anderson和Bushman在2006年提出一般学习模型（The General Learning Model, GLM）用于解释亲社会媒体对个体社会行为的影响，一般学习模型是对一般攻击模型的补充，主要解释了电子游戏对攻击性行为影响的整个过程（包括输入变量、输入变量的交互作用、路径和结果）（Buckley & Anderson, 2006）。首先，个体的行为基于个体因素和环境因素两种变量，个体因素包括年龄、年级和能力水平等，环境因素包括电子游戏的有趣度与游戏内容（暴力、非暴力、教育）等。其次，个体因素和环境因素的交互作用激活了个体当前的认知、情感和生理唤醒等内部状态，这种内部状态的激活又影响了个体对当前行为的评估和决策过程，从评价和决策过程中产生的行为结果会继续影响学习，从而形成一个短时学习过程。媒体接触对个体社会行为具有短时和长时效应（Swing & Anderson，2008）。在行为后果的反馈中，个体实现行为的学习，这一学习过程中出现媒体接触的短时效应，如果长期与这种媒体接触，对行为反应的短时效应得到重复练习，那么就会对个体产生长期的影响，即重复的练习会改变个体的认知、态度及情感，进而导致人格特质的改变，也就是出现了长时效应（Gentile et al.，2009；杨序斌 等，2014），个体的攻击性行为或亲社会行为的形成正是基于这样的循环过程。社会学习理论包括三个核心观点：第一，个体可以通过观察重要人物的行为来习得社会行为；第二，作为一种间接的学习形式，观察学习是人类大多数行为的习得方式；第三，个体的学习不仅受外部环境因素的影响，还会受到个体自身的认知调节和自我调节的影响（Bandura，1973）。此外，该理论还提出个体不仅可以通过直接观察和模仿现实中的榜样进行学习，而且可以从动画或其他电视节目中学习（Fryling et al.，2011）。在班杜拉的实验中，被试儿童被要求观察一个成年人对波波娃娃的暴力行为。后来，当儿童被允许和波波娃娃一起在房间里玩耍时，儿童开始模仿他们之前观察到的攻击性行为（Do，2011）。观察学习甚至不一定要求个体观看另一个体参与一项活动，听口头指令就可以导致学习。我们还可以通过阅读、倾听或观看书和电影中人物的行为来学习（Bajcar & Przemysław，2018）。因此，儿童父母和心理学家关注到流行文化媒体对孩子的影响，这种类型的观察性学习成为了争论的热点。一方面，许多学者和家长担心儿童会从暴力视频游戏、电影、电视节目和在线视频等传播媒介中学习到消极行为。但另一方面，社会学习也可以用来教育个体积极的行为。研究人员可以从社会学习理论的角度来理解积极的亲社会榜样行为，并采取相应措施鼓励可取的行为。

6.1.3 亲社会媒体与儿童攻击性行为

已有研究者探究了亲社会媒介与攻击性相关变量之间的关系。亲社会视频游戏能有效抑制内隐攻击性认知水平、攻击性行为与竞争情境中的消极效应（雷浩 等，2013；滕召军，2015；李梦迪 等，2016；孙钾诒，刘衍玲，2019）。并且，亲社会视频游戏不仅可以提升游戏者在低风险情境的助人行为，而且还可以提升其在高风险情境中的助人行为（陈朝阳 等，2011）。另外，研究者还针对亲社会性音乐和亲社会性歌词做了相关研究，发现亲社会性歌词可以减少攻击行为，抑制攻击性情绪和外显攻击性认知（陈海龙，2014；梁爽，2015）。

国外的相关研究表明，接触媒体中的亲社会内容有助于个体亲社会行为水平的提高（Greitemeyer & Osswald，2010）和攻击性行为水平的降低（Coyne et al.，2018；Greitemeyer & Osswald，2009；Kamper-DeMarco & Ostrov，2018）。无独有偶，亲社会视频游戏不仅能启动被试的亲社会认知，还能抑制被试的攻击性情绪、敌意归因和攻击行为（Gentile et al.，2009；Greitemeyer et al.，2012）。与玩暴力或中立电子游戏的被试相比，玩亲社会电子游戏的被试会报告较低的愤怒分数，且会表现出更多的帮助行为（Kapp，2012），玩亲社会电子游戏可以增加被试的移情（Salem，2010）。一方面，听亲社会（相对于中性）歌词的歌曲可增加亲社会思想的可达性，可以带来更多的移情并培养帮助行为（Greitemeyer，2009）。但另一方面，部分研究者并未发现亲社会电子游戏能增加个体的助人行为（Rosenberg et al.，2013；Sestir & Bartholow，2010）。鉴于此，有必要进一步探讨亲社会媒体对攻击性认知和攻击性行为的影响。

6.1.4　动画片与攻击性行为

以往研究发现，观看动画片的偏好是显著预测儿童同伴关系和身体攻击的主要情境变量（Baker，2016；Ball et al.，2008；Beijsterveldt et al.，2004）。然而，很少有研究对动画中的亲社会刺激和儿童攻击性之间的因果关系进行研究。动画是顺应儿童身心发展特点的有效影响工具。相关研究表明，卡通人物的认知和情感状态接近儿童的认知和情感状态（Soydan et al.，2017），所以儿童容易对卡通人物形象产生认同。因此，观看动画片是培养幼儿良好行为习惯、改善幼儿不良行为的重要渠道（Sónia et al.，2018）。此外，在预防科学的文献中，多份报告强调了促进亲社会行为的发展是保护高危青少年的策略。

6.1.5　性别与攻击性行为

已有研究发现，攻击性认知和攻击性行为存在显著的性别差异（Björkqvist & Kaj，2018；Lei et al.，2019；Kung，2018；Lussier et al.，2012）。身体攻击方面的性别差异出现在幼儿期，男生通常比女生表现出更多的身体攻击（Alink, et al.，2006；Baillargeon et al.，2007；Cross & Campbell，2012；张文新，2003）。与婴儿期相比，学前期攻击发展的一个重要特征是出现了明显的性别差异，男孩参与更多的冲突活动，且在不同发展阶段攻击性行为所表现出的性别差异越来越明显（Loeber & Hay，1994）。与女生相比，男生对暴力视频游戏易感性更强，更容易认同对暴力的态度，具有攻击性的可能更高（Teng et al.，2011）。在关系攻击方面，研究发现女生更容易将攻击视为一种关系型攻击（Johnson et al.，2013），学龄前女生比男生的关系攻击性强（Hart et al.，1998；Jamie et al.，2004）。关于亲社会媒介与攻击性行为的关系，研究发现，女生在听到带有亲社会歌词的歌曲后，表现出的攻击性想法比男生要少（Böhm et al.，2016）。然而也有研究发现，在幼年时男生比女生在视觉方面可获得更多的信息（Boyle et al.，2011）。所以在玩亲社会电子游戏时，男生比女生更全面地获取了游戏中的相关亲社会信息，因此他们受到亲社会电子游戏的影响更大，从而表现出更多的亲社会行为（李梦迪 等，2016）。综上，性别可能是动画片与攻击性关系的重要调节变量。

6.1.6　年龄与攻击性行为

研究显示年龄与身体攻击呈负相关，年龄小的儿童攻击性水平高于年龄大的儿童（Bukowski，1990）。此外，儿童比成人更易受到暴力视频游戏的影响（Gentile et al.，2011；Prot et al.，2014）。值得注意的是，3 ~ 6岁幼儿行为的抑制控制能力存在显著的年龄差异，即随着幼儿年龄的增长，其行为抑制控制能力不断增强，这可能是年龄较大幼儿比年龄较小幼儿攻击性行为更少的原因（赵孜，2018）。另外，与儿童相比，媒体对成人产生更显著的短期影响，年长者现有编码良好的脚本、模式或信念，其有更多的时间来编码，造成媒体对年长者产生更显著的短期社会影响（Bushman & Huesmann，2006）。然而，也有研究不支持电子媒介对攻击性的影响存在显著的年龄差异（Kirsh，2006；Tear & Nielsen，2014）。以上研究表明，年龄可能成为动画片与攻击性关系的重要调节变量。在本研究中，拟将年龄作为动画片与攻击性行为关系的潜在调节变量。

6.1.7　攻击性认知与攻击性行为

在认知新联结模型中，个体的认知、情绪和行为倾向在记忆中联结在一起（Collins & Loftus，1975）。攻击性认知对攻击性行为、攻击性情绪和生理唤醒的产生有重要影响（潘绮敏，张卫，2007），而且攻击性认知对攻击性行为的产生发挥中介作用（Dodge，1986）。不同研究视角下攻击性认知的界定不同，目前学者从静态和动态两个角度对攻击性认知进行理解。从静态角度来讲，攻击性认知主要是一种相对静止的敌意思维，是一种对他人的消极看法、评价、报复性的想法（Anderson et al.，2002）。动态角度的攻击性认知注重的是认知完成的动态过程，一些输入变量通过增加内部激进概念的相对可访问性，从而影响攻击性行为，直接的情境激活则导致概念在短时间内可访问，而概念的频繁激活导致其长期可访问性（Bargh et al.，1988）。已有研究表明，接触亲社会媒体能否增加儿童的亲社会行为受制于认知和情感的调节（Saleem et al.，2012）。暴力媒体使得情感和唤醒途径被控制，其通过增加个体的攻击性认知增加个体的攻击性（Anderson et al.，2004；Anderson & Dill，2000）。暴力电子游戏引起的攻击性变化可能主要是由攻击性认知的变化驱动的（Carnagey & Anderson，2005）。根据一般学习模型（GLM），输入变量可以直接影响情绪和情感，这使得行为因此受到影响，亲社会媒体的接触增加了亲社会思想的可接近性，这有利于亲社会行为的形成（Buckley & Anderson，2006）。Greitemeyer等人通过实证研究揭示了攻击性认知和攻击性情感在亲社会电子游戏对攻击性行为抑制中显著的中介效应（Greitemeyer et al.，2012）。综上，攻击性认知可能是媒体内容与攻击性行为关系的重要中介变量。鉴于此，在本研究中，拟将攻击性认知作为动画片与攻击性行为关系的中介变量。

6.1.8　已有研究的不足

1）幼儿攻击性行为干预研究的相对缺失

尽管研究者揭示了暴力媒体与攻击性行为的关系，但就如何有效干预控制攻击性行为的策略探讨较少，现有研究尝试通过不同的策略对儿童的攻击性行为进行干预。例如，有研究者通过沙盘游戏疗法，对学龄前攻击性儿童进行鉴别及干预，发现该疗法对攻击性儿童具有理想的干预效果（陈丽丽，2008），且儿童在同伴交往方式和人际关系方面也有一定的改善（曲亚，2019）。同时，循证实践也是一种干预儿童攻击性行为的方法，它是在医学和人文社会科学的实践领域中催生的一种实践形态，主要是为了使实践更具科学性，其含义为"遵循证据进行实践"。通过循证实践的思路与步骤，发现循证实践对减少幼儿攻击性行为也有显著效果（霍倩文，2017）。还有研究者采用移情训练的干预策略，研究结果表明，干预后幼儿的攻击性行为总得分有所下降（马丹，2015）。目前，针对儿童的行为问题，最多的干预探究方式是家庭行为疗法（BFT）（刘粹 等，2004；苏生，2012）。贾守梅（2013）尝试采用家庭干预的方式对幼儿的攻击性行为进行干预，研究发现家庭干预对儿童攻击性行为具有预防和干预作用，但是家庭干预虽然干预效果相对较好，但通常干预的周期比较长，成本效益高，且效果不一（Pearl，2009）。而且研究者们通常更多关注的是中小学年龄段儿童的攻击性行为，较少关注到儿童早期的攻击性行为，专门针对幼儿的攻击性行为的干预方法较少。幼儿在幼儿园的攻击性行为不仅会伤害到同伴，而且严重影响其同伴关系，及时干预预防幼儿的攻击性行为，对有效改善同伴关系有重要的现实意义。

2）动画片与攻击性行为的实验研究的相对缺失

随着全球信息技术的飞速发展，幼儿在日常生活中能接触到各种主题的动画片，动画片已成为深受幼儿欢迎的主要休闲娱乐方式之一（Yoon & Malecki，2010）。因此，动画片可能成为儿童模仿并习得社会行为的主渠道。然而，由于部分动画片开发商盲目追逐利益，市场中各类动画片质量良莠不齐，使得动画片在幼儿社会行为塑造过程中变成了一把双刃剑（崔露，2016）。国外针对此类媒体对个体的影响进行了大量的实证研究。一方面，长期和短期接触暴力媒体都将显著增强攻击性认知、攻击性思维、敌意情感、生理唤醒和攻击性行为（Gentile et al.，2016；Armanda et al.，2012；Shafron & Karno，2013）；另一方面，部分适合幼儿年龄特点的亲社会媒体能促进幼儿语言、认知、移情、反暴力态度和想象力的发展（Linebarger & Vaala 2010；Thakkar et al.，2006；Kirkorian et al.，2008）。然而，针对亲社会媒体，特别是最受幼儿欢迎的亲社会动画媒体与幼儿认知和行为的关系尚未引发广泛关注。因此，本研究的一个重要目标在于探究西方文化中发现的亲社会媒体促进儿童亲社会行为发展是否可在国内复制，为动画片开发商、家长、教师科学有效地预防及干预幼儿攻击性行为提供研究参考。

3）聚焦幼儿群体为样本的攻击性行为研究的相对缺失

研究者主要针对青少年群体进行了亲社会媒体与攻击性行为的关系探究（雷浩 等，2013；梁爽，2015），但对亲社会动画与幼儿群体攻击性行为关系的实证研究较少且干预策略效果不一。所以，本研究以5～6岁的幼儿为研究对象，以社会学习理论（Social Learning Theory，SLT）和一般学习模型（The General Learning Model，GLM）为理论基础，尝试探寻动画片中的亲社会榜样能否有助于抑制幼儿的攻击性认知和攻击性行为，为幼儿攻击性行为的干预研究提供策略支持。

基于文献综述，本研究拟解决如下关键问题：①动画片中的亲社会榜样会影响幼儿的攻击性认知和攻击性行为吗？②这种影响受制于个体变量（如性别、年龄）的调节作用吗？③亲社会动画榜样影响攻击性行为的因果效应是通过攻击性认知这个中介变量导致的吗？为解决这些问题，提出如下研究假设：

研究假设1：与未观看亲社会动画榜样的幼儿相比，幼儿观看亲社会动画榜样可能会有效抑制幼儿的攻击性认知和攻击性行为。

研究假设2：与观看亲社会动画榜样的女生相比，亲社会动画榜样可能更有助于抑制男生的攻击性认知和攻击性行为。

研究假设3：与观看亲社会动画榜样的5岁幼儿相比，亲社会动画榜样可能更有助于抑制6岁幼儿的攻击性认知和攻击性行为。

研究假设4：攻击性认知在亲社会动画榜样对攻击性行为的影响中可能起中介作用。

6.2 方法

6.2.1 被试

最初随机分层选取重庆市3所幼儿园共945名5岁（4.5～5.4岁）和6岁（5.5～6.4岁）幼儿作为实验样本，其中男生435名，女生510名，这3所幼儿园分别为重庆市沙坪坝区A幼儿园、重庆市北碚区B幼儿园与重庆市北碚区C幼儿园。基于提名研究的社会测量法，选取具有攻击性行为的幼儿作为实验被试（Espelage & Henkel，2003；王益文，2002；闫美丽，2007；龙路英，2008）。本研究主要采用同伴提名和教师提名相结合的方法遴选过去有攻击性行为倾向的被试（特别注意：所提名幼儿仅为攻击性行为发生较为频繁的幼儿，不是有特质攻击性的幼儿），遴选攻击性行为频率相对较多的240名被试（男120名，女120名）。所有被试视力、听力正常，无语言等方面的障碍。实验前告知幼儿、家长实验主要的内容及注意事项，幼儿与家长一同签订实验知情同意书，同意率达到100%。在实验过程中，66名被试没有顺利完成实验，因此本研究最终样本统计量为174名幼儿（50%女）。其中5岁和6岁幼儿各一半（M = 5.50，SD = 0.50）。87名幼儿观看有亲社会榜样的动画片，为实验组，87名幼儿不观看动画片，为对照组。

6.2.2　实验设计

采用2（亲社会榜样：有，无）×2（性别：男，女）×2（年龄：5，6）三因素组间实验设计。基于实验心理学关于自变量的分类，自变量包括刺激特点自变量和被试特点自变量（朱滢，2016；舒华，2017）。本研究的自变量包括刺激特点自变量（亲社会动画榜样）和被试特点自变量（年龄、性别），因变量为攻击性认知（对攻击性图片的反应时）和攻击性行为（为对手设置的噪声等级）。

6.2.3　研究工具

1）动画片

动画榜样材料包括5部动画片，基于已有媒体暴力接触持续时间的效度研究（Adachi & Willoughby，2011；Barlett et al.，2009），每部动画片时长均剪辑为10分钟。动画片1来自美国的《万能阿曼》，在"救难小英雄"中讲述了阿曼和他的工具们赶过去修学校的攀爬架以解救被困的儿童（帮助、安慰与合作榜样）。动画片2出自英国的《小猪佩奇》，在"募捐长跑"中讲述了猪爸爸通过长跑给佩奇所在幼儿园凑修房顶的钱（捐赠榜样）；在"中间的小猪"中讲述了佩奇、乔治、猪妈妈和猪爸爸一起玩扔球接球的游戏（合作与帮助榜样）。动画片3出自美国的《汪汪队立大功》，在"狗狗拯救市长大赛"中讲述了莱德组织汪汪队帮助古微市长修船，阻止了韩迪纳市长作弊，并帮助古微市长成功赢得比赛的过程（合作与帮助榜样）。动画片4源自中国的《熊出没》，在"过年"中讲述了熊大和熊二帮助光头强赶上火车回家过年的故事（帮助、安慰与合作榜样）。动画片5源自中国的《大头儿子小头爸爸》，在"保护动物小分队"中讲述了大头儿子和小头爸爸成立了保护动物小分队拯救了小动物的故事（帮助、安慰与合作榜样）；在"毛蓉蓉想家了"中讲述了大头儿子和小头爸爸帮助毛蓉蓉把房子装扮成了她老家的模样，让毛蓉蓉找到了回家的快乐（帮助、安慰、分享与合作榜样）。其动画内容具体如下：

动画片1：《万能阿曼——救难小英雄》讲述了一所学校的攀爬架坏了，一个小孩子被困在了上面，校长求助阿曼后，阿曼和他的工具们便立即赶过去修攀爬架，但阿曼的工具——活动扳手"劳斯"非常怕高，不敢进行工作，在被困在攀爬架上的小孩以及大家的鼓励下，"劳斯"勇敢地克服了心理障碍。最后阿曼和他的工具们一起成功修好了攀爬架，救下了被困的孩子。

动画片2：《小猪佩奇》在"募捐长跑"中讲述了佩奇幼儿园的屋顶坏了，猪爸爸建议举办一次募捐长跑来筹钱修屋顶。猪爸爸成了募捐长跑的唯一选手，长跑虽然又累又热，但最后猪爸爸通过长跑给幼儿园凑够了修房顶的钱。在"中间的小猪"中，佩奇、乔治和猪妈妈一起玩游戏，小猪在中间。乔治由于年龄太小玩不好，但乔治有了猪爸爸的帮忙后便可以玩得很好。佩奇也让妈妈帮助它，在爸爸妈妈的帮助下，乔治和佩奇都可以接住球。

动画片3：《汪汪队立大功——狗狗拯救市长大赛》讲述了韩迪纳市长故意在古微市长的船上凿了一个洞，导致古微市长在练习划船的时候船漏水了。她打电话向莱德寻求帮助，莱德立刻组织汪汪队一起去帮助古微市长修船、练习划船，在正式比赛过程中汪汪队阻止了韩迪纳市长作弊，并成功帮助古微市长取得比赛胜利。

动画片4：《熊出没——过年》讲述了光头强想回家过年，但是没有买到票，进不了火车站，熊大和熊二为让光头强上火车，故意暴露自己的身份，引起大家的注意，让光头强有机会能偷偷溜上火车。光头强看到熊大、熊二被抓住，义无反顾地跳下回家的最后一趟火车去救熊大和熊二，导致其错过回家的火车。最后熊大熊二和光头强一起追火车，只为送光头强回家过年。

动画片5：《大头儿子小头爸爸》在"保护动物小分队"中，大头儿子和小头爸爸在野外成立了保护动物小分队，一起消灭伤害小动物的陷阱，最后拯救了很多小动物；在"毛蓉蓉想家了"中，大头儿子和小头爸爸为让毛蓉蓉高兴起来，找到回家的感觉，就和小头爸爸一起把毛蓉蓉的房子外面装扮成她家的样子，最后毛蓉蓉找到了回家的感觉，非常开心。

为确保动画片中的亲社会榜样具有符合实验要求的亲社会属性，我们邀请了成人观看动画片后对动画片中榜样的亲社会程度进行评定（附录三）。评定者共61名（学前教育专业本科生38名，学前教育专业研究生22名，学前教育专家1名，平均年龄21.98岁（$SD = 2.74$）。问卷包括亲社会画面、亲社会内容、有趣度、受欢迎度、兴奋度、愉悦度6个维度，采用五级评分的方式进行亲社会程度的评定（1分 = 极少；2分 = 少，3分 = 不确定，4分 = 多，5分 = 极多），各维度所得均分3分以上便认为具备该维度的特征。最终所有问卷均完整评定，共回收到61份有效问卷，所有数据均录入到SPSS 21.0进行统计处理与分析。运用单因素方差分析，比较五部动画片榜样的亲社会程度差异（见表6-1）。

表 6-1　动画片榜样亲社会程度评定的均值与标准差（$N = 61$）

动画片	动画片 1 $M \pm SD$	动画片 2 $M \pm SD$	动画片 3 $M \pm SD$	动画片 4 $M \pm SD$	动画片 5 $M \pm SD$
亲社会画面	4.07 ± 0.65	3.39 ± 0.78	3.36 ± 0.90	3.57 ± 1.07	3.90 ± 0.70
亲社会内容	4.07 ± 0.70	3.52 ± 0.70	3.39 ± 0.86	3.61 ± 1.08	3.93 ± 0.70
有趣度	3.59 ± 0.94	4.07 ± 0.85	3.34 ± 0.95	4.21 ± 0.73	3.46 ± 0.89
受欢迎度	3.59 ± 0.64	4.43 ± 0.62	3.56 ± 0.70	4.26 ± 0.68	3.69 ± 0.67
兴奋度	3.07 ± 0.98	3.64 ± 1.02	2.82 ± 0.97	3.85 ± 0.85	3.08 ± 0.95
愉悦度	3.62 ± 0.93	3.98 ± 0.87	3.30 ± 0.92	4.02 ± 0.67	3.54 ± 0.98
亲社会均值	3.67 ± 0.58	3.84 ± 0.54	3.30 ± 0.68	3.92 ± 0.60	3.60 ± 0.59

基于已有媒体暴力评定主要依据暴力内容和暴力画面两个维度（Anderson & Dill，2000），本研究动画片中榜样的亲社会程度也主要依据亲社会画面和亲社会内容两个维度。依据评定结果，亲社会画面和亲社会内容由多至少依次排列如下：《万能阿曼——救难小英雄》（$M_{画面} = 4.07$，$SD = 0.65$；$M_{内容} = 4.07$，$SD = 0.70$）、《大头儿子小头爸爸》（$M_{画面} = 3.90$，$SD = 0.70$；$M_{内容} = 3.93$，$SD = 0.70$）、《熊出没——过年》（$M_{画面} = 3.57$，$SD = 1.07$；$M_{内容} = 3.61$，$SD = 1.08$）、《小猪佩奇》（$M_{画面} = 3.39$，$SD = 0.78$；$M_{内容} = 3.52$，$SD = 0.70$）、《汪汪队立大功——狗狗拯救市长大赛》（$M_{画面} = 3.36$，$SD = 0.90$；$M_{内容} = 3.39$，$SD = 0.86$），具体如图6-1所示。由此可见所选取动画均分均在3分以上，即所选取动画片榜样的亲社会程度高，均符合要求。此外，所选取动画在有趣度、受欢迎度、兴奋度、愉悦度分数也都偏高，符合幼儿观赏特点。所以，所选取的5部动画片均符合要求，分别作为每天播放的动画材料。

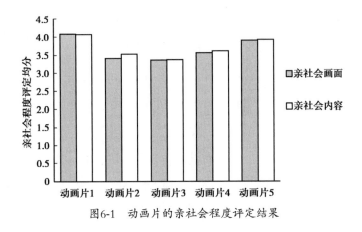

图6-1　动画片的亲社会程度评定结果

2）目标图片

基于以往研究中使用的高频攻击性词汇和非攻击性词汇（张林，吴晓燕，2011；施威，2007；李娟，2013；刘桂芹，2010），同时结合幼儿年龄特点，以简单易懂、清楚明晰为标准，选出与词汇匹配的60张攻击性图片（如刀、枪）和非攻击性图片（如花、草）。图片的选定首先由20名学前教育专业研究生遴选出44张图片，全部具有攻击性属性和非攻击性属性。同时，邀请10名学前教育专家再次认定，最终确定实验所需的44张图片。40张图片（武器类和非武器类图片各20张）用于正式实验阶段，作为目标图片；4张图片（武器类图片和非武器类图片各2张）用于正式实验之前的练习阶段，不出现在正式实验阶段。为保证被试对图片的视觉感受基本一致，采用Adobe Photoshop CC 2018软件对目标图片进行处理，图片的尺寸大小一致，亮度相同，图片的背景颜色均为白色，攻击性或非攻击性物体呈现在图片的中间。

3）语义分类任务

采用语义分类任务测量被试对武器图片的反应时间，以此作为攻击性认知的测量指标。基于语义分类任务，如果个体对刺激的反应时依赖于个体对刺激的认知加工，个体对刺激的反应时越长则表明对刺激消耗了越多的认知和注意资源，个体对刺激的反应时越短则表明其对刺激消耗了较少的认知和注意资源（Bowers & Turner，2003）。根据认知心理学概念的内隐记忆效应，思想沿着联想路径发送激活，从而激活其他相关思想，暴力电影呈现出攻击性想法可以激发其他与侵略性相关的思想，增加观众在这一时期有其他攻击性想法的机会（Berkowitz，1990；Berkowitz，1984）。接触一种亲社会的（相对于一个中立的）电子游戏后，识别亲社会的单词会导致更短的反应时间（Greitemeyer & Osswald，2011），表明亲社会电子游戏有助于提高个体的亲社会认知水平。基于此，在我们的研究中通过修正后的语义分类任务（Modified Semantic Classification Task，MSCT），反应时间也被用作攻击性认知的测度指标。儿童对攻击性图片的反应时间是攻击性认知水平高低的衡量标准。较长的平均反应时间意味着攻击性认知的可及性较低，个体需消耗较多的认知和注意资源才能识别攻击性属性图片，即攻击性认知水平低；较短的平均反应时间则意味着攻击性认知的可及性强，个体消耗较少的认知和注意资源便能识别攻击性属性图片，即攻击性认知水平高。

具体而言，修正后的语义分类任务（图片分类任务）分为两个部分：练习阶段和正式实验阶段。语义分类任务要求被试对刺激的语义属性进行辨别反应（Bowers & Turner，2003；Kutas & Iragui，1998）。在本研究中，由于幼儿年龄较小，对抽象词汇的辨别存在困难，因此将原有语义分类任务的词汇换为图片，让幼儿对图片的语义属性（攻击性 vs.非攻击性）进行辨别反应。例如："刀""枪""剑"是有攻击性属性的武器图片，"花""香蕉""草"是无攻击性属性的非武器图片。任务中使用的指导语旨在让被试明确实验目的在于测试被试的反应速度和准确性，如果呈现的目标图片是攻击性图片，在键盘上按"1"键，如果呈现的目标图片是非攻击性图片，在键盘上按"2"键。例如：当屏幕中随机呈现"刀""枪""剑"图片时则按"1"，随机呈现"花""香蕉""草"图片时则按"2"。指导语呈现结束后将会有小注视点"＋"出现在屏幕中央，持续时间为300毫秒，然后目标图片出现于屏幕中央，持续时间为4 000毫秒。在被试对图片属性进行辨别按键反应后，一个空白屏将出现100毫秒，然后程序将进入下一个试次。如果被试没有在4 000毫秒内进行反应，程序也将自动进入下一个试次，同时，准确率和反应时被记录（见图6-2）。若被试感到任何不适，可随时退出实验。具体步骤如下：

第一步：练习阶段。练习阶段包含12个试次，本阶段呈现的图片将不再出现在后续的正式实验阶段。如果被试练习阶段准确率低于90%，程序将不能进入正式实验阶段，自动返回练习阶段，重新进行练习，直到正确率达90%。这一阶段的目的在于使被试熟悉按键，且平衡其武器类图片辨别和按键反应。

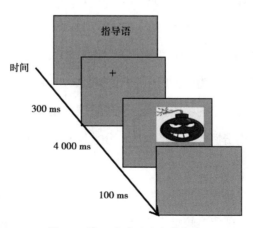

图6-2 修正后的语义分类任务

第二步：正式阶段。实验被分成2个环节，总共有40个测试（20张武器类图片和20张非武器类图片）被平均呈现，每个环节中有 20个测试，即每个环节中分别呈现10 张武器类图片和10张非武器类图片，并且每张图片在每个环节中只能呈现1次。被试在两个环节之间有短暂的一分钟休息时间，然后程序进入下一个环节。被试的平均准确率从85%到95%，实验错误和丢失的反应数据被剔除。

4）竞争反应时任务

采用竞争反应时任务中第二阶段被试为虚拟对手设置的噪声强度作为攻击性行为的测量指标。竞争反应时任务（Competitive Reaction Time Task，CRTT）是已被绝大多数研究者广泛采用具有较好外部效度的攻击性行为的实验范式（Taylor，1967；Daniel et al.，2011；Giancola & Parrot，2008；Giancola & Zeichner，2010；Bernstein et al.，1987）。在第一阶段反应速度低于虚拟对手时，将会受到噪声惩罚，且噪声强度呈现逐步增强的趋势，从而激起被试的愤怒情绪。在任务的第二阶段，被试与虚拟对手互换角色通过按下相应的数字键（1，2，3，4）选取任意一个噪声等级（50 dB，60 dB，70 dB，80 dB）来惩罚虚拟对手，噪声等级代表了攻击性行为水平，分别计为1～4分（1分代表50 dB，2分代表60 dB，3分代表70 dB，4分代表80 dB），需注意的是，不按键计为0分（无噪声选择，0 dB），代表没有攻击性行为。第二阶段所设定的噪声强度代表了被试的攻击性行为水平的高低，分数越高代表攻击性行为水平越高，分数越低则表明其攻击性行为水平越低。

具体而言，采用修正后的竞争反应时任务使用的所有指导语均为语音形式。由于被试年龄较小，为让幼儿听觉不受伤害，我们将惩罚噪声强度控制在80 dB以内，分别为50 dB、60 dB、70 dB、80 dB四个强度。被试与"虚拟对手"竞争，看谁最先对呈现的声音进行反应，反应慢的被试将被噪声惩罚。每一次尝试过后，失败者将会接收到一个"虚拟对手"设置的大音量的噪声。获胜/失败模式和噪声音量的强度是在被试知道谁已经获胜/输掉了这个试次。被试赢得设置噪声权利时，为"虚拟对手"设置的噪声强度作为攻击性行为的测量指标（见图6-3）。具体而言，CRTT是基于已有研究的一个两步走的实验范式（Bartholow & Anderson，2002；Anderson & Carnagey，2009）。在本研究中CRTT分为练习和正式实验两个部分。

第一步：练习阶段，12个试次，被试随机体验到4个不同轻度的噪声（50 dB、60 dB、70 dB、80 dB），并熟悉游戏规则。

第二步：正式实验第一阶段，25个测试，其中"虚拟对手"为被试在输掉的测试中设置噪声的强度（50～80 dB，弱—强）。第一试次以失败告终，以激发被试的挫败感和愤怒情绪。剩下的24个试验被分成3个组，每个组别8个试次。第一个组别有4个"赢"和4个"输"。第二个组别也有4个"赢"和4个"输"。第三个组别为5个"赢"和3个"输"。最后一个试次为"胜利"。基于Anderson 等人的研究（2000），虚拟对手的噪声模式设置为逐渐增强模式。第一个环节的噪声设置强度为50～60 dB，第二个环节为60 dB～70 dB，以及第三个环节为70 dB～80 dB。

第一阶段快结束时，主试提醒被试在第二阶段中他们将为虚拟对手设置噪声强度，并且不再接收噪声。正式实验第二阶段，同样有25个测试，但是被试和虚拟对手的角色互换。如果被试被判定为获胜者，他/她可以通过按下相应的1～4数字键（1～4分）选取4个等级（50 dB，60 dB，70 dB，80 dB）中的一个噪声来惩罚虚拟对手，其中也允许被试不选择噪声（攻击性行为水平为0）；如果被试被判定为一个失败者，将不会出现惩罚性噪声，被试为虚拟对手设置的噪声强度（50～80 dB）代表了攻击性行为的测量指标。

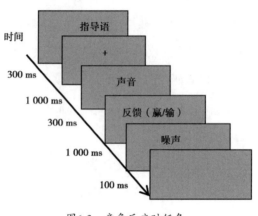

图6-3　竞争反应时任务

6.2.4　程序

　　第一步，实验前为家长和幼儿介绍本次实验的主要内容及注意事项，家长和幼儿均签订实验知情同意书，并告知幼儿本次实验为测量个体反应速度的实验，如果被试在实验过程中有任何不适的情况，可自由退出。第二步，实验组被试连续五天依次在幼儿园多功能厅观看动画片10分钟，观看完动画后依次在幼儿园安静的多功能厅的笔记本电脑前进行攻击性认知和攻击性行为水平的测量（完成图片分类任务和竞争反应时任务）。对照组幼儿则不观看动画片，直接完成图片分类任务和竞争反应时任务。所有被试（240名）幼儿均自愿参与，个人信息均已保密。第三步，给参与实验的每位被试发放小礼物，感谢他们参与实验。

6.3　结果

6.3.1　描述性统计

表6-2和表6-3列出了不同实验处理下实验组与对照组的攻击性认知和攻击性行为的均值与标准差。由表6-2和表6-3可见，观看亲社会动画榜样导致识别攻击性图片时平均反应时较慢，相比之下，没有观看亲社会动画榜样的被试往往比观看亲社会动画榜样被试的反应时更快，且观看亲社会榜样的被试噪声设置水平低于未观看亲社会动画榜样的被试。因此，观看亲社会动画榜样似乎降低了与攻击性相关的认知联想网络，无论是攻击性认知水平还是攻击性行为水平基本都低于不看动画片的对照组幼儿。对性别而言，观看动画片后男孩的攻击性认知水平低于女孩的攻击性认知水平。对年龄而言，5岁和6岁幼儿观看动画后其攻击性认知和攻击性行为下降趋势存在差异。基于此，似乎亲社会榜样的动画片与攻击性认知和攻击性行为之间有一定相关，在后面的统计分析中需对动画片亲社会榜样、年龄和性别等主要变量进行具体控制分析。

表 6-2　攻击性认知的描述性统计结果　　单位：毫秒（ms）

条件	男生				女生			
	5 岁 $M \pm SD$	N	6 岁 $M \pm SD$	N	5 岁 $M \pm SD$	N	6 岁 $M \pm SD$	N
实验组	1 252.50 ± 270.10	22	1 516.49 ± 403.70	22	1 239.71 ± 374.01	21	1 226.16 ± 293.94	22
对照组	1 225.76 ± 231.73	22	1 112.10 ± 324.85	21	1 234.01 ± 260.90	22	1 210.82 ± 316.97	22
总分	1 239.13 ± 249.07	44	1 319.00 ± 416.62	43	1 236.79 ± 317.26	43	1 218.49 ± 302.20	44

注：实验组 = 观看亲社会动画榜样，对照组 = 不观看动画片；攻击性认知 = 攻击性图片的平均反应时。

表6-3 攻击性行为的描述性统计结果　　单位：分贝（dB）

条件	男生				女生			
	5岁 $M \pm SD$	N	6岁 $M \pm SD$	N	5岁 $M \pm SD$	N	6岁 $M \pm SD$	N
实验组	53.88 ± 8.56	22	58.46 ± 10.86	22	60.92 ± 9.00	21	60.59 ± 8.00	22
对照组	74.83 ± 7.65	22	68.10 ± 8.86	21	65.04 ± 10.95	22	62.97 ± 9.20	22
总分	64.35 ± 13.29	44	63.17 ± 10.96	43	63.02 ± 10.14	43	61.78 ± 8.60	44

注：实验组＝观看亲社会动画榜样，对照组＝不观看动画片；攻击性行为＝为虚拟对手设置的噪声惩罚强度。

6.3.2　攻击性认知的方差分析

采用三因素方差分析，考察亲社会动画榜样、性别和年龄对攻击性认知的主效应及交互作用。表6-4表明，动画片亲社会榜样对幼儿攻击性认知的主效应显著 $[F(1, 166) = 5.64, p = 0.02, d = 0.36, partial \eta^2 = 0.03]$，观看亲社会动画榜样幼儿的攻击性认知水平显著低于未观看亲社会动画榜样幼儿的攻击性认知水平（$M = 1\ 308.72$，$[SE = 33.65] > M = 1\ 195.67$，$[SE = 33.65]$）。性别对幼儿攻击性认知的主效应不显著 $[F(1, 166) = 1.06, p = 0.30, d = 0.16, partial \eta^2 = 0.01]$。年龄对幼儿攻击性认知的主效应不显著 $[F(1, 166) = 0.36, p = 0.55, d = 0.09, partial \eta^2 = 0.002]$。动画片与性别存在显著的交互作用 $[F(1, 166) = 4.64, p = 0.03, d = 0.33, partial \eta^2 = 0.03]$，进一步简单效应分析发现，男生在观看完动画片后攻击性认知水平显著低于未观看动画片男生的攻击性认知水平 $[F(1, 166) = 10.26, p = 0.002, d = 0.49, partial \eta^2 = 0.06]$，但女生在观看完动画片后攻击性认知水平与未观看动画片女生的攻击性认知水平不存在显著差异 $[F(1, 166) = 0.02, p = 0.88, d = 0.02, partial \eta^2 = <0.001]$

（见表6-5）。性别与年龄不存在显著的交互作用 $[F(1, 166) = 0.97, p = 0.33, d = 0.15, partial\ \eta^2 = 0.01]$。动画片与年龄存在显著的交互作用 $[F(1, 166) = 4.14, p = 0.04, d = 0.31, partial\ \eta^2 = 0.02]$，进一步简单效应分析发现，观看动画片后5岁幼儿的攻击性认知与未观看动画片5岁幼儿的攻击性认知不存在显著性差异 $[F(1, 166) = 0.06, p = 0.81, d = 0.04, partial\ \eta^2 < 0.001]$，但观看动画片后6岁幼儿的攻击性认知显著低于未观看动画片6岁幼儿的攻击性认知 $[F(1, 166) = 9.73, p = 0.002, d = 0.48, partial\ \eta^2 = 0.05]$（见表6-6）。但动画片、性别与年级的交互作用不显著 $[F(1, 166) = 3.74, p = 0.06, d = 0.30, partial\ \eta^2 = 0.02]$。

表 6-4　攻击性认知的方差分析

变量	均方	$F(df_1, df_2)$	Cohen's d	$partial\ \eta^2$
动画片	555 668.68	5.64*（1，166）	0.36	0.03
性别	104 562.83	1.06（1，166）	0.16	0.01
年龄	35 063.78	0.36（1，166）	0.09	0.002
动画片 × 性别	457 022.2	4.64*（1，166）	0.33	0.03
性别 × 年龄	95 110.42	0.97（1，166）	0.15	0.01
动画片 × 年龄	407 596.34	4.14*（1，166）	0.31	0.02
动画片 × 性别 × 年龄	368 049.36	3.74（1，166）	0.30	0.02

注：$*p < 0.05$，$**p < 0.01$。

表6-5　攻击性认知的性别差异

动画片	观看 $M \pm SD$	不观看 $M \pm SD$	$F(df_1, df_2)$	Cohen's d	$partial\ \eta^2$
男生	1 384.50 ± 47.30	1 168.93 ± 47.86	10.26**（1，166）	0.49	0.06
女生	1 232.94 + 47.86	1 222.41 ± 47.30	0.02（1，166）	0.02	< 0.001

注：$*p < 0.05$，$**p < 0.01$。

表6-6　攻击性认知的年龄差异

动画片	观看 $M \pm SD$	不观看 $M \pm SD$	F（df_1, df_2）	Cohen's d	partial η^2
5 岁	1 246.11±47.86	1 229.88±47.30	0.06（1，166）	0.04	< 0.001
6 岁	1 371.32±47.30	1 161.46+47.86	9.73**（1，166）	0.48	0.05

注：*p<0.05，** p<0.01。

6.3.3　攻击性行为的方差分析

对攻击性行为进行了2（亲社会动画榜样：观看，不观看）×2（年龄：5，6）×2（性别：男，女）的方差分析。由表6-7可见，动画片对幼儿攻击性行为的主效应显著［F（1，166）= 44.07，p<0.001，d = 1.01，partial η^2 = 0.20］，有亲社会榜样动画片条件下幼儿的攻击性行为显著低于无动画片条件下幼儿的攻击性行为（M = 58.46［SE = 0.99］<M = 67.73［SE = 0.99］）。性别对攻击性行为的主效应不显著［F（1，166）= 1.06，p = 0.31，d = 0.16，partial η^2 = 0.001］。年龄对攻击性行为的主效应不显著［F（1，166）= 0.66，p = 0.42，d = 0.12，partial η^2 = 0.004］。

表 6-7　攻击性行为的方差分析

变量	均方	F（df_1, df_2）	Cohen's d	partial η^2
动画片	3 735.48	44.07***（1，166）	1.01	0.2
性别	89.73	1.06（1，166）	0.16	0.006
年龄	55.86	0.66（1，166）	0.12	0.004
动画片 × 性别	1 575.94	18.59***（1，166）	0.66	0.1
性别 × 年龄	0.15	0.002（1，166）	0.007	< 0.001
动画片 × 年龄	462.96	5.46*（1，166）	0.36	0.03
动画片 × 性别 × 年龄	248.83	2.94（1，166）	0.26	0.02

注：*p < 0.05，，*** p < 0.001。

动画片与性别存在显著的交互作用 $[F(1, 166) = 18.59$, $p<0.001$, $d = 0.66$, $partial\ \eta^2 = 0.10]$，进一步简单效应分析发现，男生在观看有亲社会榜样的动画片后攻击性行为显著低于未观看动画片的男生 $[F(1, 166) = 59.96$, $p<0.001$, $d = 1.18$, $partial\ \eta^2 = 0.26]$，女生的攻击性行为不存在显著的组别差异 $[F(1, 166) = 2.71$, $p = 0.10$, $d = 0.25$, $partial\ \eta^2 = 0.02]$（见表6-8）。性别与年龄不存在显著的交互作用 $[F(1, 166) = 0.002$, $p = 0.97$, $d = 0.007$, $partial\ \eta^2<0.001]$。

表6-8　攻击性行为的性别差异（$N = 174$）

性别	观看 $M \pm SD$	不观看 $M \pm SD$	$F(df_1, df_2)$	Cohen's d	$partial\ \eta^2$
男生	56.17 ± 1.39	71.46 ± 1.40	59.96 *** (1, 166)	1.18	0.26
女生	60.76+1.40	64.00+1.39	2.71 (1, 166)	0.25	0.02

注：*** p < 0.001。

动画片与年龄存在显著的交互作用 $[F(1, 166) = 5.46$, $p = 0.02$, $d = 0.36$, $partial\ \eta^2 = 0.03]$，进一步简单效应分析发现，观看动画片后5岁幼儿的攻击性行为显著低于未观看动画片5岁幼儿的攻击性行为，$[F(1, 166) = 40.28$, $p<0.001$, $d = 0.97$, $partial\ \eta^2 = 0.19]$。6岁幼儿在观看有亲社会榜样的动画片后攻击性行为存在显著的组别差异 $[F(1, 166) = 9.25$, $p = 0.003$, $d = 0.46$, $partial\ \eta^2 = 0.05]$，观看动画后6岁幼儿攻击性行为显著低于未观看动画的6岁幼儿攻击性行为水平（见表6-9）。此外，动画片、性别与年级的交互作用不显著 $[F(1, 166) = 2.94$, $p = 0.09$, $d = 0.26$, $partial\ \eta^2 = 0.02]$。

表6-9　攻击性行为的年龄差异

年龄	观看 $M \pm SD$	不观看 $M \pm SD$	$F(df_1, df_2)$	Cohen's d	$partial\ \eta^2$
5 岁	57.40 ± 1.40	69.93 ± 1.39	40.28*** (1, 166)	0.97	0.19
6 岁	59.53+1.39	65.53+1.40	9.25* (1, 166)	0.46	0.05

注：*p < 0.05，*** p < 0.001。

6.3.4 攻击性认知对攻击性行为的中介作用

基于上述方差分析表明的亲社会动画榜样能同时显著减少攻击性认知和攻击性行为，为检验研究假设4，进一步检验攻击性认知在亲社会动画榜样与攻击性行为之间是否有显著的中介效应。采用单个中介因素模型（MacKinnon & Fairchild，2009）和自举法（校正后的自举样本5 000次，95%置信区间）用于评估亲社会动画榜样对攻击性行为间接效应的强度（Hayes & Preacher，2014；Shrout & Bolger，2002），并控制性别和年龄作为协变量（由于显著的动画片亲社会榜样×性别、动画片亲社会榜样×年龄交互作用），所有变量的值均标准化（见图6-4）。

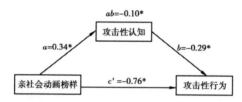

图 6-4 攻击性认知对亲社会榜样动画片影响攻击性行为的中介模型
注：1 = 观看，0 = 不观看；标准化路径系数；实线代表路径显著；*$p < 0.05$。

总体而言，攻击性认知能显著中介亲社会动画榜样与攻击性行为的关系（$\beta = -0.10$，$SE = 0.05$，95% CI：[−0.20；−0.01]）。亲社会动画榜样对攻击性行为影响的直接效应显著（$\beta = -0.76$，$SE = 0.13$，95% CI：[−1.02；−0.50]）。亲社会动画榜样能显著正向预测攻击性认知水平（$\beta = 0.34$，$SE = 0.15$，95% CI：[0.05；0.64]），攻击性认知能显著预测攻击性行为（$\beta = -0.29$，$SE = 0.07$，95% CI：[−0.43；−0.16]）。需要说明的是，对攻击性图片的反应时越短则攻击性认知越大，反之亦然。亲社会动画榜样对攻击性行为预测的总效应显

著（$\beta = -0.86$，$SE = 0.14$，95% CI：[-1.13；-0.59]）。直接效应
（-0.76）和中介效应（-0.10）分别占总效应（-0.86）的88%和12%。
在本研究中，当自变量出现亲社会属性（高）时，攻击性认知降低（反应
时长），攻击性行为降低（低噪声强度设置），反之亦然。

　　基于上述显著的中介效应总体结果，拟进一步具体检验攻击性认知对
不同年龄和不同性别幼儿的攻击性行为的影响是否起中介作用，分别控制
性别和年龄作为协变量（由于显著的动画片亲社会榜样×性别、动画片亲
社会榜样×年龄交互作用），仅仅发现攻击性认知对6岁幼儿的攻击性行
为有显著的中介作用（见图6-5）。攻击性认知在亲社会动画榜样对6岁幼
儿攻击性行为的影响中起到了显著的中介作用（$\beta = -0.18$，$SE = 0.09$，
95% CI：[-0.38；-0.04]）。亲社会动画榜样对攻击性行为的直接预测
作用显著（$\beta = -0.37$，$SE = 0.18$，95% CI：[-0.73；-0.003]）。亲
社会动画榜样对攻击性认知的正向预测作用显著（$\beta = 0.64$，$SE = 0.23$，
95% CI：[0.18；1.09]），攻击性认知对攻击性行为的负向预测作用显
著（$\beta = -0.29$，$SE = 0.08$，95% CI：[-0.45；-0.12]）。亲社会动画
榜样对6岁幼儿攻击性行为的总效应是显著的（$\beta = -0.55$，$SE = 0.19$，
95% CI：[-0.92；-0.18]）。因此攻击性认知在亲社会动画榜样对6岁幼
儿攻击性行为的影响中起到了部分中介作用，直接效应（-0.37）和中介效
应（-0.18）分别占总效应（-0.55）的67%和33%。

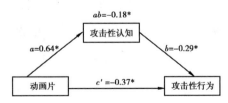

图6-5 攻击性认知对6岁幼儿攻击性行为的中介效应模型

注：1 = 观看，0 = 不观看；标准化路径系数；实线代表路径显著；*$p < 0.05$。

由图6-6可见，攻击性认知在亲社会动画榜样与5岁幼儿攻击性行为的关系中不存在显著的中介效应。（$\beta = -0.02$，$SE = 0.07$，95% CI：［-0.17；0.14］）。亲社会动画榜样对攻击性行为的直接预测作用显著（$\beta = -1.15$，$SE = 0.19$，95% CI：［-1.52；-0.78］）。亲社会动画榜样对攻击性认知的正向预测作用不显著（$\beta = 0.05$，$SE = 0.19$，95% CI：［-0.32；0.43］），攻击性认知对攻击性行为的负向预测作用显著（$\beta = -0.38$，$SE = 0.11$，95% CI：［-0.60；-0.17］），亲社会动画榜样对5岁幼儿攻击性行为的总效应显著（$\beta = -1.17$，$SE = 0.20$，95% CI：［-1.56；-0.77］）。因此，亲社会动画榜样不能通过攻击性认知的中介作用抑制5岁幼儿的攻击性行为。

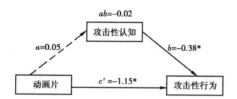

图6-6　攻击性认知对5岁幼儿攻击性行为的中介效应模型

注：1 = 观看，0 = 不观看；标准化路径系数；实线代表路径显著，虚线代表路径不显著；$*p < 0.05$。

由图6-7可见，攻击性认知对不同性别幼儿的攻击性行为的影响没有显著的中介作用。攻击性认知在亲社会榜样动画片与男生的攻击性行为的关系中不存在中介效应，攻击性认知对男生攻击性行为无显著中介作用（$\beta = -0.06$，$SE = 0.07$，95% CI：［-0.20；0.08］）。亲社会动画榜样对攻击性行为的直接预测作用显著（$\beta = -1.35$，$SE = 0.20$，95% CI：［-1.75；-0.96］）。亲社会动画榜样对攻击性认知的正向预测作用显著（$\beta = 0.65$，$SE = 0.22$，95% CI：［0.23；1.08］），攻击性认知对攻击性行为的负向预测作用不显著（$\beta = -0.10$，$SE = 0.10$，

95% CI：［-0.29；0.09］）。亲社会动画榜样对男生攻击性行为的总
效应显著（ *β* = -1.42, *SE* = 0.19, 95% CI：［-1.79；-1.05］）。
因此，亲社会动画榜样不能通过攻击性认知的中介作用抑制攻击性行
为，即攻击性认知在亲社会榜样动画片与男生攻击性行为的关系中不存
在中介效应。

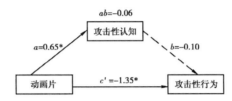

图 6-7　攻击性认知对男生攻击性行为的中介效应模型

注：1 = 观看，0 = 不观看；标准化路径系数；实线代表路径显著，虚线代表路
径不显著；*p < 0.05。

　　由图6-8可见，攻击性认知对女生攻击性行为的影响无显著的中介作
用（ *β* = -0.01, *SE* = 0.09, 95% CI：［-0.19；0.16］）。亲社会动
画榜样对攻击性行为的直接预测作用不显著（ *β* = -0.29, *SE* = 0.16,
95% CI：［-0.61；0.04］）。亲社会动画榜样对攻击性认知的正向预测
作用不显著 （ *β* = 0.03, *SE* = 0.21, 95% CI：［-0.38；0.44］），攻
击性认知对攻击性行为的负向预测作用显著 （ *β* = -0.43, *SE* = 0.09,
95% CI：［-0.60；-0.26］），亲社会动画榜样对女生攻击性行为的总
效应是显著的 （ *β* = -0.30, *SE* = 0.18, 95% CI：［-0.67；0.07］）。
因此，亲社会动画榜样不能通过攻击性认知的中介作用抑制攻击性行
为，即攻击性认知在亲社会榜样动画片与女生攻击性行为的关系中不存
在中介效应。

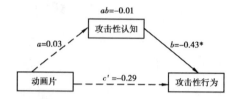

图 6-8 攻击性认知对女生攻击性行为的中介效应模型

注：1 = 观看，0 = 不观看；标准化路径系数；实线代表路径显著，虚线代表路径不显著；*p < 0.05。

6.4 讨论

6.4.1 观看亲社会动画榜样显著减少了攻击性认知和攻击性行为

与研究假设1一致，本研究发现，与未观看亲社会动画榜样的幼儿相比，幼儿观看亲社会动画榜样有效抑制了幼儿的攻击性认知和攻击性行为，与既往研究结果一致（Coyne，2016；Gentile et al.，2009；Prot et al.，2014；Leeuw et al.，2015；Whitaker & Bushman，2012）。并且该研究发现支持一般学习模型（Buckley & Anderson，2006；Gentile et al.，2009），即媒体对行为的影响取决于媒体的内容，亲社会媒体的接触可以抑制个体的攻击性，并且存在短时和长时效应。长期与亲社会媒体接触，对行为反应的短时效应得到重复练习，那么就会对个体产生长期的影响，重复练习可以改变个体的认知、态度、情感及行为。亦有研究表明，观看媒体亲社会内容与儿童的亲社会行为增加密切相关（Coyne & Sarah，2016；Greitemeyer，2011）。一方面，儿童可能是在社会认知模型中模仿动画中的亲社会榜样行为，从而减轻攻击性（Bandura et al.，1961）。另一方面，幼儿接触媒体中的亲社会内容可能加快了个体亲社会条件和亲社会行为的感知和判断（腾召军，2015），以此降低了幼儿的攻击性认知和攻击性行为。值得注意的是，以往研究发现，儿童节目中富含亲社会榜样的场景和内容，比成人类节目富含榜样的亲社会指向更加明显（Smith et al.，2006）。另有研究证实，迪士尼儿童剧的亲社会行为非常普遍，几乎以每分钟一个动作呈现亲社会行为，同伴、家庭和陌生人是最常见的亲社会行为目标（Padilla-Walker et al.，2013）。这启示游戏开发商、幼儿教师和家长应合理利用精心设置有亲社会榜样的动画类剧本（Linebarger & Vaala，2010；Thakkar et al.，2006；Kirkorian et al.，2008）。不同类型动画会对幼儿认知和行为等产生不同的影响，家长以及老师应充分利用亲社会媒体教育资源，辅助幼儿亲社会认知和行为的发展，同时为减少幼儿攻击性认知和攻击性行为的发生提供策略支持。

6.4.2　男生观看亲社会动画榜样后攻击性认知和攻击性行为显著减少

与研究假设2一致，本研究发现，与观看亲社会动画榜样的女生相比，亲社会动画榜样更有助于抑制男生的攻击性认知和攻击性行为。并且这与以往研究表明的"接受有亲社会榜样行为的电视处理后，与女生相比，男生更容易受到电视节目类型的影响"一致（帅琳，2015）。在心理干预疗法中男生比女生更容易集中于音乐中，心理干预对男生更有效（张利华 等，2014）。从心理发展的角度看，相对女生而言，男生的控制能力较差，更易受到环境因素的影响（Kochanska et al.，2000；Raaijmakers et al.，2008），因此男生的认知和行为更容易受到动画片中亲社会榜样的影响，这可能是由于人类神经的相互连接模式决定了大脑如何运作（Bassett & Gazzaniga，2011）。男生和女生大脑相互联系的模式不同导致了其认知和行为存在差异（Ingalhalikar et al.，2013；

Cacioppo，2002；Han & Northoff，2008），最近的研究发现，不同性别间半球内脑连接方面存在重大差异（Gong et al.，2009；Tomasi & Volkow，2012；Dennis et al.，2013）。男性的半球内皮层连通性高于女性，男性具有更高的模块化和传递性，能够更好地帮助男生加强协调行动（Cahill，2014）。与女生相比，男生往往能更多地调整他们的行为。这为本研究中男生观看有亲社会榜样的动画后其攻击性行为水平显著低于女生提供了可能的生理层面的解释。鉴于此，教师和家长可以通过让男生多接触亲社会榜样动画片进而有效减少其的攻击性行为。

6.4.3　6岁幼儿观看亲社会动画榜样后的攻击性认知和攻击性行为显著减少

与研究假设3一致，本研究发现，与观看亲社会动画榜样的5岁幼儿相比，亲社会动画榜样更有助于抑制6岁幼儿的攻击性认知和攻击性行为。但5岁幼儿在观看有亲社会榜样的动画片后，其攻击性行为水平显著低于未观看有亲社会榜样动画片的5岁幼儿，5岁幼儿的攻击性认知上并未体现出显著的组别差异。可能由于观看亲社会动画榜样通过降低6岁幼儿的攻击性认知，进而降低了6岁幼儿的攻击性行为，而观看亲社会动画榜样则直接降低了5岁幼儿的攻击性行为。以往研究发现，无论在玩亲社会游戏还是攻击性视频游戏之后，年龄较大的儿童捐款明显多于年龄较小的儿童（Chambers & Ascione，1987）。短期接触亲社会游戏容易对儿童产生影响，原因在于儿童的亲社会倾向还处于动态变化过程中，具有极大的可塑性（Tear & Nielsen，2014）。儿童的社会图式正处在不断发展过程中，通过观察性学习，儿童可以用比成年人更少的干扰和努力来编码新的脚本，媒体对儿童的长期影响大于成人（Bushman & Huesmann，2006）。幼儿的道德认知发展尚处于他律阶段（Piaget，

1932），幼儿的亲社会行为表现出顺从性，只有极少的亲社会行为是自发的，外界对幼儿的训练可显著提高其亲社会性，幼儿年龄越小其认知和行为的发展越容易受到各方面环境的影响，其行为越容易受到外界的影响（卫晓萍，2015）。通过精心组织的内容可以促进所有儿童的亲社会行为，而且年幼的学龄前儿童更有可能在与成人或同龄人的互动中受益，促进语言包括明确的认知策略的发展（Barr，2006）。本研究中未能显著降低5岁幼儿的攻击性认知水平，可能是受到幼儿认知能力发展差异的影响，个体注意广度随年龄增长而不断发展（陈英和，2015），不同年龄幼儿的注意力模式存在差异，年龄较小的幼儿主要关注电视内容的主体特征，而年龄较大的幼儿可以从电视所呈现的对话、发声和角色动作等方面获取多方信息（Calvert et al.，1982），即6岁幼儿更能在动画片中从多方位获取亲社会信息。所以动画片中的亲社会榜样对6岁幼儿攻击性认知和攻击性行为均有显著影响。

6.4.4 攻击性认知在亲社会动画榜样与攻击性行为之间有显著的中介作用

与研究假设4一致，本研究发现，攻击性认知在亲社会动画榜样对攻击性行为的影响中具有中介作用。中介效应分析表明，攻击性认知显著部分中介了亲社会动画榜样与攻击性行为的因果关系，即观看有亲社会榜样动画片通过抑制了攻击性认知进而抑制了攻击性行为。并且该研究发现支持了一般学习模型的观点，即个体因素和环境因素的交互作用可以激活个体当前的认知、情感和生理唤醒等内部状态，这种内部状态又会影响个体对当前行为评估和决策，继而影响个体的行为，这一学习过程中出现媒体接触的短时效应（Gentile et al.，2009；Swing & Anderson，2008；杨序斌 等，2014）。在行为后果的反馈中，个体实现行为的学习，如果长期与这种媒体接触，对行为反应的短时效应得到重复练习，那么就会对个体产生长期的影响（张一 等，2016）。与此类似，短时接触亲社会视频游戏会通过增加亲社会思想来增加亲社会行为，从而降低攻击行为（Greitemeyer & Osswald，2010）。亲社会媒体可成为一种干预措施用以矫正儿童的攻击性认知和攻击性行为（Gentile et al.，2009）。根据GLM，个体接触动画片中的亲社会榜样是一种学习的过程。相对于非暴力动画片，短时接触动画片中的亲社会榜样，会启动个体内部与亲社会有关的认知活动，个体容易把一些中性的刺激当成亲社会刺激，同时会降低与个体固有的攻击性认知相连接。一般攻击模型认为，任何重复接触媒介暴力对后期攻击性行为的长期影响都可能是由攻击性认知或攻击性情感的变化中介的结果（Anderson & Bushman，2002）。亲社会榜样动画片抑制幼儿的攻击性认知，从而显著降低了攻击性行为。因此，家长和教师可以通过降低攻击认知来进一步缓解幼儿的攻击行为。

6.4.5 攻击性认知在亲社会动画榜样与6岁幼儿攻击性行为之间有显著的中介作用

此外，本研究发现了攻击性认知在亲社会动画榜样对6岁幼儿攻击性行为的影响中有部分中介效应。即对6岁幼儿而言，亲社会动画榜样能显著抑制攻击性认知进而显著降低攻击性行为水平，但攻击性认知并未显著中介亲社会动画榜样与5岁幼儿攻击性行为的因果关系。该发现与已有研究结果一致（Greitemeyer & Osswald，2009；Greitemeyer et al.，2010；Greitemeyer & Mugge，2014；Whitaker & Bushman，2012），亲社会媒体会通过影响个体的情感而影响个体的行为，玩亲社会游戏的被试会更具有同情心且具有更少的嘲笑等消极情感。究其原因，可能年长的幼儿知识结构更丰富，行为方式会更易受到认知方式的影响，受亲社会动画榜样的影响降低了其攻击性认知水平，进而其攻击性行为的抑制控制能力更佳。社会认知是亲社会行为和攻击性行为发展之间联系的主要机制（Aber，Brown & Jones，2003；Crick & Dodge，1994），社会信息处理理论（Dodge et al.，1990）认为，儿童青少年的行为受到社会线索的识别和解释的影响。随着个体年龄和社会经验的不断丰富，幼儿的社会认知能力（道德推理、观点采择和移情）不断提升，其亲社会行为随之增加（陈英和，2015）。研究也发现，理解电视节目中亲社会信息的儿童和他们亲社会行为出现的频率之间存在着正相关（Rosenkoetter，1999）。幼儿在与周围环境的交互作用中，会根据自我意识来不断地调节自己的行为。因此，对年长儿童而言，抑制其攻击性行为可以考虑首先抑制其攻击性认知水平。

6.4.6　研究贡献、研究局限与研究启示

本研究有如下几点贡献：

第一，理论上验证支持了社会学习理论和一般学习模型。基于一般学习模型（the General Learning Model，GLM）和社会学习理论（Social Learning Theory，SLT），不同类型的媒体对个体产生不同的影响。近年来，暴力媒体对儿童青少年的负面影响引起了学者的广泛关注与思考，特别是暴力媒体对攻击性行为的助长作用成为了研究者们的研究焦点。随着积极心理学的兴起，国外针对亲社会媒体对个体攻击性行为的影响做了大量的实证研究，但是目前国内对此的研究相对较少，且研究者很少将研究视角关注到学前儿童身上。社会学习理论认为个体可以通过观看媒体中的行为进行对应学习，一般学习模型认为在情境因素和个体因素的共同作用下，个体社会行为会受到相应的影响。因此，

本研究将情景因素（亲社会动画榜样：有，无）和个体因素（性别：男，女；年龄：5岁，6岁）结合起来考察，探讨亲社会动画榜样对幼儿攻击性认知和攻击性行为的影响，这不仅丰富了亲社会媒体领域的研究，而且丰富了攻击性领域的研究，同时为社会学习理论和一般学习模型提供了进一步的验证支持。

第二，实践上为教育者预防和干预幼儿攻击性行为提供了亲社会动画片的干预策略。动画片是幼儿日常学习和娱乐的重要媒介载体，对幼儿心理健康和行为习得会产生重要影响。目前研究者主要聚焦于暴力动画与儿童攻击性的关系探究，对亲社会动画片与儿童攻击性的关系探讨较为缺乏。因此，本研究从亲社会动画片的角度为幼儿攻击性行为预防和干预提供了新视角，具体体现为：首先，创设了幼儿连续五天观看有亲社会榜样动画片的实验情境，用成熟的实验范式测试了幼儿攻击性认知和攻击性行为的叠加效应，相比以往大多数研究聚焦于媒体对攻击性的短时效应具有更好的外部效度（Anderson & Murphy，2003）。其次，国内亲社会动画榜样与幼儿攻击性认知和攻击性行为的实验研究相对缺失，本研究弥补了亲社会动画榜样与幼儿攻击性认知和攻击性行为实验研究相对缺失的现状，丰富了幼儿攻击性行为研究领域的成果。最后，研究结果表明亲社会动画榜样显著降低了幼儿攻击性认知和攻击性行为，且攻击性认知在亲社会动画榜样对攻击性行为的影响中有显著的中介效应，为教育者通过增加动画中亲社会榜样元素以及减少攻击性认知来减少幼儿攻击性行为提供了新视角和新策略。

然而，本研究有如下主要局限：

第一，尽管本研究考察了幼儿连续五天观看亲社会动画片的叠加效应，但仍然不能算是严格意义上的纵向追踪研究，难以解释长时间接触有亲社会动画榜样与攻击性认知和攻击性行为因果关系的稳定性和可靠性。未来应考虑长期纵向追踪的研究取向，为揭示亲社会动画榜样对幼儿攻击性认知与攻击性行为的长时效应提供更有信度和效度的证据。

第二，研究最终的被试统计量为174，样本量还不够大，在亲社会动画榜样与攻击性认知和攻击性行为影响的总体效应量上的贡献有限，未来应进一步扩大样本量，通过大数据实验说明亲社会动画榜样与幼儿攻击性认知和攻击性行为的因果关系。

第三，研究主要采用多元方差分析和中介效应分析进行变量关系的分析，未来可采用多层线性模型和结构方程模型检验深入考察多重情境变量和个体变量与攻击性认知和攻击性行为的关系，为从亲社会榜样动画片源头的角度干预幼儿攻击性认知和攻击性行为提供借鉴和参考。

本研究的教育启示主要体现为：

第一，教育者应利用亲社会动画榜样减少幼儿攻击性行为。基于方差分析主效应结果"观看有亲社会榜样的动画片（实验组）比不看有亲社会榜样动画片（对照组）的幼儿体现出更少的攻击性认知和攻击性行为"，教育者可以利用亲社会动画榜样减少幼儿攻击性行为。动画片是深受大多数幼儿欢迎的传播媒介，其鲜活的形象、生动的语言、鲜艳的色彩深深吸引幼儿的注意力，我国儿童大量使用动画片并存在动画模仿行为。动画媒介为幼儿提供了各种栩栩如生的卡通人物榜样，儿童通过对亲社会动画榜样的观察学习，习得亲社会行为，抑制反社会行为，促进幼儿积极的社会性发展。鉴于动画内容对幼儿的认知和行为会产生显著影响，在幼儿园的动画片播放时间段，幼儿教师应提前遴选亲社会动画材料，充分挖掘亲社会动画榜样中的教育元素，让动画片成为减少幼儿攻击性行为和促进幼儿心理健康成长的重要途径。另外，家长也应重视选择动画片内容，避免选择暴力动画片。由于幼儿认知和行为的自我控制力薄弱，难以辨别动画榜样人物的好坏，教师与父母应及时与幼儿沟通动画内容，引导幼儿正确看待动画人物榜样的行为。同时，相关研究显示正面的动画内容易引起儿童的认同，拥有教育意义的动画更容易促进儿童的社会化，这也启示动画制作者在动画制作过程中注重动画内容娱乐性的同时，也要注重对动画正面角色的塑造，寓教于乐，将说教内容融入动画情节，履行动画片传播的社会责任，传递健康的文化和精神品质。并且，家长和教育者可逐渐培养幼儿自己进行选择和处理电视节目信息的能力，提升幼儿的自我能动性，促进幼儿心理健康成长。动画片制作商、教师、家长和政策制定者应充分关注亲社会动画片的开发和利用，为幼儿攻击性行为的干预和预防形成教育合力。

第二，教育者应将6岁幼儿作为亲社会动画榜样情境下攻击性行为干预的重点群体。方差分析的年龄差异和中介效应的年龄差异结果，即"与观看有亲社会榜样动画片的5岁幼儿相比，动画片中的亲社会榜样更有助于抑制6岁幼儿的攻击性认知和攻击性行为"，启示教育者应将6岁幼儿作为亲社会动画榜样情境下攻击性行为干预的重点群体。幼儿年龄小，吸收性强，认知和行为容易受到外界的影响，但其攻击性仍然存在着年龄差异，同样的干预策略由于其年龄的不同产生不同的干预效果。在本研究中亲社会动画榜样更有助于降低6岁幼儿的攻击性认知和攻击性行为，且6岁幼儿攻击性认知在亲社会榜样动画与攻击性行为间存在着显著的中介效应。但对5岁幼儿而言，亲社会动画榜样有助于降低其攻击性行为，其攻击性认知却未呈现显著的组别差异。所以，我们要根据幼儿的年龄特点选择恰当的干预策略。针对6岁幼儿，不仅可以选择有亲社会榜样行为的动画，让幼儿模仿亲社会行为从而减少攻击性行为，而且可以选择隐含亲社会相关信息的动画，引导幼儿关注攻击性的危害，增加幼儿的亲社会认知从而降低幼儿攻击性行为水平。对5岁幼儿而言，其认知能力的发展有所欠缺，更多的是直接模仿他人的行为，所以可以选择明显具有亲社会榜样的动画，增加幼儿的亲社会模仿行为，从而降低5岁幼儿攻击性行为发生的可能性。

第三，教育者应将男生作为亲社会动画榜样情境下攻击性行为干预的重点群体。基于方差分析的性别差异和中介效应的性别差异结果，即"与观看有亲社会榜样动画片的女生相比，动画片中的亲社会榜样可能更有助于抑制男生的攻击性认知和攻击性行为"，启示教育者应将男生作为亲社会动画榜样情境下攻击性行为干预的重点群体。由于性别特点的不同，亲社会动画榜样对不同性别幼儿的影响不一。已有研究证实，男生通常更容易对同伴实施攻击，且更倾向于选择身体攻击，女生更容易选择语言攻击和关系攻击。男生的身体攻击通常会及时反馈结果，并对同伴的安全问题构成一定的威胁，这使得家长和老师往往对男生的攻击性行为给予更多的关注。在本研究中，性别与动画呈现显著的交互作用，进一步的简单效应分析发现，亲社会动画榜样有助于降低男生的攻击性认知和攻击性行为，但女生的攻击性认知和攻击性行为并未呈现显著的组别差异。这表明亲社会动画榜样有助于降低男生的攻击性认知和攻击性行为，对男生更有效，即本研究为抑制男生攻击性认知和行为提供了依据。所以，本研究启示家长和教育工作者可以将男生作为亲社会动画榜样情境下攻击性行为干预的重点群体。

第四，教育者应将减少攻击性认知作为亲社会动画榜样情境下攻击性行为干预的有效途径。基于中介效应的总体结果，即"攻击性认知在亲社会动画榜样与攻击性行为之间存在显著的中介效应"，启示教育者应将减少攻击性认知作为亲社会动画榜样情境下攻击性行为干预的有效途径。注重通过降低攻击性认知水平来减少攻击性行为，认知作为一种内部状态，会对我们的行为进行相应的调节，特别是针对6岁幼儿群体，其认知不断发展，自我意识能力增强，能够逐渐通过抑制攻击性认知来调节其攻击性行为。在现实场景中，各类媒体中长期存在潜移默化宣扬某种观念的现象，如果幼儿长期接触这类观念，就会认为这种观念是广泛存在的，导致认知脱敏。认知会影响个体对信息的解释、评价及行为的决策过程。本研究中，在个体接触亲社会动画榜样后，幼儿攻击性认知得到一定的抑制，这种认知的抑制会减少个体采取攻击行为的可能性，进而减少幼儿的攻击性行为。所以可尝试通过抑制攻击性认知进而抑制幼儿攻击性行为。短期和长期接触相应的媒介，都会对个体的认知产生一定的影响，且根据一般学习模型，我们了解到认知和行为的产生有着密切的联系。所以，在幼儿园和家庭内，家长和幼儿园老师可通过间接的方式启示幼儿，充分利用亲社会动画片等媒体增加幼儿亲社会性思想的可及性，从而抑制幼儿的攻击性认知，进而降低幼儿的攻击性行为。家长和教育工作者在充分利用亲社会动画资源干预幼儿攻击性行为的情境下，可将减少攻击性认知作为亲社会动画榜样情境下攻击性行为干预和预防的有效途径。

6.5 结论

综上，本研究获得如下结论：①与不看动画片相比，亲社会动画榜样显著减少了攻击性认知和攻击性行为；②与女生相比，亲社会动画榜样显著减少了男生的攻击性认知和攻击性行为；③与5岁幼儿相比，亲社会动画榜样显著减少了6岁幼儿的攻击性认知和攻击性行为；④攻击性认知部分中介了亲社会动画榜样与攻击性行为的因果关系；⑤攻击性认知部分中介了亲社会动画榜样与6岁幼儿攻击性行为的因果关系。

第7章
儿童攻击性行为及其矫正的个案研究

　　基于第6章表明的连续观看5天亲社会动画视频能在一定程度上降低有攻击性倾向幼儿的攻击性认知和行为水平，本章侧重追踪个别有高攻击性倾向幼儿的攻击性行为，并开展了对幼儿攻击性行为的教育矫正，主要采用A-B-A倒返实验设计，结合自编的《ABC行为观察简表》及《攻击性行为频数统计表》为测量工具，基于教师提名、同伴提名和家长访谈，选取重庆市辖区某幼儿园四岁半的中班幼儿为被试进行个案观察研究，分析其攻击性行为的成因，并就幼儿园环境下攻击性行为的矫正策略进行了探讨，通过采用正、负强化相结合、行为替代、口头提醒和行为阻断等矫正策略，能有效减少幼儿的攻击性行为，该强化方式可作为教育者在现实中有效减少和矫正幼儿攻击性行为的借鉴与参考。

7.1 引言

攻击性行为是指个体避免痛苦与寻求快乐的行为受挫时的外在行为反应（杨治良，刘素珍，1996）。尽管该定义明确了攻击性行为的成因，但仅将行为分类为"避免痛苦"与"寻求快乐"，既忽视了行为人主观攻击意图的多样性与复杂性，也未列出攻击性行为的具体形式。并且将该概念放到幼儿群体存在诸多不足，如幼儿由于尚未形成规范成熟的自我意识和社会意识，其行为更具随意性和不可控制性，对攻击性行为解释更应发源于其独特的心理环境和社会环境。Bandura认为，攻击性行为不仅要考虑伤害意图，而且要考虑社会判断（Bandura，2010）。这一观点在已有的主观意图层面上增加了社会评判的视角：不仅考虑行为主体的主观意图，而且考虑到人与人之间的社会关系。将该定义用于幼儿群体较为适用，因为幼儿最主要的活动环境为学校和家庭。当幼儿之间发生攻击性行为时，部分幼儿教师和家长倾向于从自身主观认识来评判现实中幼儿的攻击性行为。国外社会心理学者认为，攻击性行为是指个体蓄意实施的伤害他人且他人不愿接受的问题行为（Anderson & Bushman，2002）。国内研究者认为攻击性行为是"有意伤害他人的身体或语言行为"，是"不为社会规范所许可的行为"（张文新 等，1996）。该定义在"攻击意图"和"社会判断"的基础上，新增了"攻击行为"这一评判标准，并且将攻击行为的表现形式分为身体攻击和语言攻击。鉴于此，在本研究中，幼儿攻击性行为包括"攻击意图""社会判断"和"攻击行为类型"三个成分。从现实状况来看，幼儿的攻击性行为主要表现为踢、打、抓、咬、推以及使用工具有意伤害他人的身体动作，或骂、侮辱、贬低等有意伤害他人的言语行为。

　　攻击性行为是幼儿中普遍存在的一种问题行为，如果在幼儿成长过程中任其发展，不采取正确的矫正策略，不仅会危害幼儿身心健康，而且会造成幼儿园秩序混乱，影响幼儿园教育质量的全面提升。研究发现，学龄前儿童攻击性行为检出率达 11.9%（Chandler et al.，2009），而幼儿的攻击性行为和幼儿间的消极冲突早在两岁时就已出现，并在整个学前期迅速增多（张文新，2003）。迄今，攻击性行为原因和形成机制的理论解释主要有习性说、挫折-攻击说和社会学习理论。洛伦茨的习性学观点认为，攻击是一种具有生物保护意义的本能体现（李丹，1998）。因此，欲避免攻击行为，需在生活中多开展体育类活动消耗这些攻击本能。尽管洛伦茨的这一观点与弗洛伊德的"死亡本能破坏倾向"的观点相反，但这样的"攻击本能"放诸幼儿身上可以理解为幼儿与生俱来的旺盛精力，幼儿这一"本能"要以体育活动等运动方式来消耗，一方面可以使得幼儿获得平静的身心状态，另一方面帮助幼儿实现骨骼、肌肉、运动神经以及社会性协调发展。在我国幼儿园教育实践中，多基于《3～6岁儿童学习与发展指南》倡导以游戏为活动形式对幼儿体育活动明确各项要求。唐纳德的挫折-攻击理论认为，攻击是个体遭受挫折后所产生的反抗行为（智银利，刘丽，2003）。如幼儿在生活中经受同伴的欺负、嘲笑后，用肢体攻击同伴、摔打玩具、骂人等。可见，"挫折"是幼儿攻击性行为出现的重要因素。班杜拉的社会学习理论认为，儿童攻击行为是通过观察、模仿和替代强化习得，认知学习是攻击行为的主要决定因素（Bandura，1977），鉴于此，幼儿早期学习特点即为模仿。在尚未形成独立人格，未树立起成熟的世界观、人生观、价值观之前，"模仿"行为是幼儿适应生存环境、习得社会规范的主要方式。同时，幼儿自身缺乏社会认知和道德判断能力，他们难以像成人一样正确分辨行为对错，当他们观察到不当行为，可能会出于好奇好玩加以模仿。因此当幼儿看到影视作品中的暴力画面、社会环境中成人的不当言行和同伴的攻击行为时，这种不加分辨的模仿便会成为其攻击性行为的元凶。

幼儿攻击性行为的影响因素主要包括先天的生理、家庭、幼儿园、同伴群体和大众传媒等几个方面。关于攻击性行为的生理影响，研究表明，有攻击行为的儿童大脑两半球认知均衡性发展水平比正常儿童更低，左半球抗干扰能力较差，右半球完形认知能力较弱，这可能是攻击行为的神经心理学基础（张倩，郭念锋，1999）。关于攻击性行为的家庭影响，研究表明，缺乏温暖的家庭与不良的家庭教养方式可能造成儿童的高攻击性行为（张文新 等，1999）。家庭环境中父母角色的人格特征、教养方式等都影响着幼儿性格、习惯、行为的养成。有耐心，有爱心，具备科学育儿知识的父母和温馨轻松的家庭氛围可能会培养出健康全面、行为习惯良好的孩子；相反，个性极端、行为粗暴的父母，有缺失的家庭关系，以及压抑的家庭氛围，则有可能影响幼儿出现包括攻击性行为在内的诸多不良行为。关于攻击性行为的学校影响，研究表明，校园氛围和教师态度影响儿童攻击性行为的发生（Kostelnik，1993）。幼儿的社会交往引起的利益冲突和碰撞摩擦时有发生，在其心理需求无法得到满足所引起的落差，都会影响攻击性行为的发生，教师处理攻击事件的态度方式，也影响着幼儿对于攻击性行为的认知，进而导致攻击性行为的发生。关于攻击性行为的同伴群体影响，研究表明，同伴群体的感染作用和去个性化作用会导致幼儿相互模仿，降低攻击他人产生的负罪感，从而直接增加儿童的攻击性（周宗奎，1999）。幼儿身边有同伴经常作出攻击性行为时，比起辨别该行为的正确与否，他们更容易受到同伴氛围的感染，或对这一行为产生好奇模仿的念头。对攻击行为本身缺乏明确的认知使得他们并不会产生负罪感，反而在模仿的过程中感觉到玩耍般的快乐。关于攻击性行为的大众传媒影响，研究表明，暴力传播会增加公众尤其是幼儿的攻击性（陈世平，2001）。幼儿在认识周遭事物上更多是依靠表象和感知觉，而动画片以其夸张拟人的叙事风格，色彩鲜艳丰富的呈现方式，简单直接的叙事形式自然受到幼儿的喜爱和认可。家庭和幼儿园也常使用动画片形式来作为一种教育教学方式，使得幼儿对动画片的接受和喜爱程度得到了强化。而当动画片中出现有攻击性行为的镜头时，幼儿便会不自觉地加以认可和模仿，导致他们将这样的行为复制到日常的同伴交往之间。从这个角度而言，以动画片为代表的大众传媒也是影响幼儿产生攻击性行为的重要变量。综上，我们拟通过个案研究法探讨幼儿攻击性行为及其矫正策略。

7.2　方法

7.2.1　被试

昊昊（化名），男，四岁半，中班幼儿，系家中独子。其父初中文化水平，平时做生意比较忙碌，在家时间相较偏少，脾气急躁，喜欢斥责打骂昊昊；其母小学文化水平，在昊昊四岁以前外出打工，直到昊昊上中班上期开始待业在家照顾昊昊，并且十分宠爱昊昊；婆婆文化水平较低，同样十分宠爱昊昊，并且在中班以前，主要由她来带昊昊。目前一家四口生活在一起。昊昊有较为明显的攻击性行为：①经常打人，踢人；②喜欢用力捶桌子；③经常抢夺同伴物品；④经常对着他人怒吼。

7.2.2 研究设计

采用A-B-A倒返实验设计，在对被试进行为期10天观察后，研究过程分为以下几个阶段：

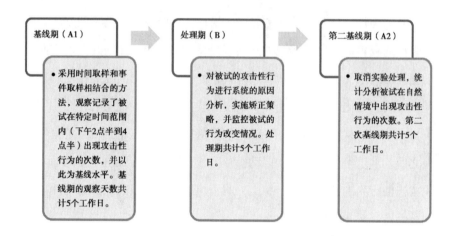

7.2.3 研究工具

1）ABC行为观察简表

采用自编的《ABC行为观察简表》详细考察被试攻击性行为的三个主要变量：前奏事件、行为表现及行为结果。

2）攻击性行为频数统计表

采用自编的《攻击性行为频数统计表》记录被试在特定时间段内攻击性行为出现的类型、次数及百分比，以及在实验不同阶段中该行为频次的变化。

7.2.4 程序

1）幼儿攻击性行为类型的操作性定义

基于我们前期对昊昊的攻击性行为进行的观察，发现他的攻击性行为主要表现为打人、推撞别人、吐口水、抢玩具、捶桌子、骂人等（见表7-1）。

表 7-1　幼儿攻击性行为的主要类型及具体表现

主要类型	具体表现
打人	用拳头用力击打其他小朋友身体，多为上肢；用腿踢其他小朋友的腹部及下肢
捶门、桌子	用力捶门或桌子使其发出巨大声响
推撞别人	双手用力向前推，或用身体撞击其他小朋友，常使其站立不稳或摔倒
吐口水	向其他小朋友面部吐口水
怒吼、骂人	对着老师或者其他小朋友发出怒吼，或大声斥责
抢玩具	抢夺老师或其他小朋友手上的玩具或零食占为己有
扔东西	把玩具或教室里的凳子扔在地上，或者扔到其他小朋友身上
压人	用身体把其他小朋友压在地上，使其难以站立

2）统计攻击性行为发生的频率次数，确定具体干预目标

采用《攻击性行为频数统计表》统计昊昊在不同阶段攻击性行为发生的次数。表7-2列出了基线期内（A1）被试的攻击性行为次数。

表 7-2　基线期（A1）内的攻击性行为发生情况

类型	打人	捶门、桌子	推撞别人	吐口水	压人	怒吼、骂人	扔东西	抢玩具
频数	28	10	5	3	3	14	7	5
频率	37.33%	13.33%	6.67%	4.00%	4.00%	18.67%	9.33%	6.67%

由此可见，"打人""捶门、桌子""怒吼、骂人"三类攻击性行为的发生频率较高。我们最终确定将控制被试这三类攻击性行为作为本研究的矫正目标。

3）记录高频攻击性行为发生的具体维度项目并分析原因

使用《ABC行为观察简表》于每天下午2点半到4点半对被试的攻击性行为进行观察记录，共记录92个项目。项目分析发现，攻击性行为在如下几种情境中发生频率较高：①对集体活动失去兴趣，不想参与。②自身要求没有得到满足。③幼儿园中生活环节的空白时间。④被老师批评或其他小朋友指责。⑤自身利益受损。⑥希望引起老师关注（见表7-3）。

表7-3　被试攻击性行为的情境观察与分析

时间点	前奏事件	行为表现	行为结果	可能原因
1	老师发作业本，周围小朋友都得到了，他还未拿到	用力捶桌子并大声吼叫，脚在地上乱蹬	老师安抚他并尽快挑出了他的作业本	想要尽快达到目的但迟迟未能如愿
2	躺在地上滚来滚去地玩，保育老师过去批评并尝试拉他起来	用手打保育老师的胳膊并大叫	老师放弃拉他起来	自身利益受到损害，被老师批评
3	老师请小朋友上台做音乐律动的表演，没有叫到他	大声吼叫并跑到最前面乱蹦乱跳搞破坏	老师请他表演	希望引起老师的关注
4	解便回来老师未安排活动	推撞其他小朋友，用手打人	其他小朋友跟他玩闹，有事可做	在生活环节和空白时间中无所事事，消耗多余精力
5	别的小朋友摔碎了他拼好的雪花片	将对方的雪花片扔到地上并用脚踹别人	被老师阻止和批评	自己的利益受到损害
6	用餐前等待时间，老师未安排活动	用手去推、打三名小朋友	被老师批评	在生活环节和空白时间中无所事事，消耗多余精力
7	休息时间独自吵闹，别的小朋友让他安静	用手大力拍桌子，对批评他的小朋友大喊	批评他的小朋友不理他了	受到其他小朋友指责

续表

时间点	前奏事件	行为表现	行为结果	可能原因
8	老师组织户外活动之前，请小朋友先休息好	用力捶门并大叫	老师提早结束了休息时间，允许他去游戏	自己的要求没有得到满足
9	老师在进行数学活动	离开座位用力捶桌子，拉别的小朋友头发	老师批评他，请他回到座位	对集体活动失去兴趣，不想参与
10	小朋友们一起唱歌	大声怪叫并打右侧的小朋友	老师请他站到前面去	对集体活动失去兴趣，不想参与

　　通过观察并访谈，幼儿攻击性行为的影响因素有以下三种：①家庭教养方式。第一，专制型家庭教养方式。父亲喜欢斥责打骂昊昊，专制型家庭教养方式增强了昊昊的攻击性行为；第二，溺爱型家庭教养方式。母亲和奶奶十分宠爱昊昊，她们纵容和迁就的家庭教养方式助长了昊昊以自我为中心的人际取向。②动画片的暴力场景。通过访谈了解到昊昊平时酷爱观看有暴力场景和内容的动画片，如《奥特曼》《喜羊羊与灰太狼》《熊出没》和《变形金刚》系列。这些动画片中多有一些暴力镜头，使幼儿放松对冲突性行为的警惕，降低对危险行为的防范意识，并理所当然地认为暴力行为是一种正常行为。当其在实际生活中与同伴相处出现矛盾时，会潜意识地模仿动画中的暴力动作，出现攻击性行为。比如，昊昊在做出攻击性动作时嘴里常常念着一些动画台词。③教师的教育教学方式。第一，教师（被试的主班老师）所组织的幼儿一日生活主要由室内的集中教学活动、建构游戏（课桌上进行）、观看动画片以及生活环节构成，极少带幼儿进行体育活动，这样的教学方式使得幼儿旺盛的精力无处消耗，长此以往，幼儿比较躁动，常常在

互相嬉闹中产生肢体冲突，诱发攻击性行为；第二，教师在组织幼儿进行饮水、解便、餐前等生活环节时，没有给幼儿树立良好的规则意识，使得在生活环节进行的过程及生活环节之外的空白时间中，班级秩序陷入混乱，幼儿四处乱跑，大声叫嚷，这一过程中不免产生肢体碰撞，从而诱发了攻击性行为；第三，昊昊在发生攻击性行为之后，教师常常采取息事宁人的态度，在没有了解事情来龙去脉的前提之下首先选择了制止和安抚，很少对昊昊做出针对性的批评教育，只是简单阻拦其伤害他人的行为，在多次管教无果的情况下，常常利用零食来规范其行为，如：你把手背起来乖乖的，待会儿给你糖吃。教师对昊昊的攻击性行为没有给出明确的批评态度，长此以往，昊昊不仅认识不到自身行为的不当，反而认为此举可以博得老师的注意和奖励；同时，这样的处理方式会造成其他幼儿对攻击性行为的认识不清，甚至会使其他幼儿滋生攻击性行为。

4）实施矫正策略

结合上述被试攻击性行为的影响因素，分析三类矫正目标（"打人""捶门、桌子""怒吼、骂人"）产生的原因，有针对性地对被试进行了攻击性行为矫正（见表7-4）

表7-4　不同类型攻击性行为的干预矫正

攻击性行为	主要原因	矫正策略
打人	逃避负性刺激	负强化
	消耗多余精力	
捶门、桌子	逃避负性刺激	负强化
	引起他人注意	
怒吼、骂人	满足自身需要	行为替代，正强化
	引起他人注意	

具体矫正策略如下：

①正、负强化结合

通过观察发现，被试对小贴纸有强烈的兴趣，最想要的玩具是小车，最喜欢得到的奖励是零食（小蛋糕、酸奶、巧克力、麻花和夹心饼干等）。因此，研究者每次在最初进行矫正时，会给昊昊5个贴纸，并对他提出要求：如果发生一次攻击性行为，贴纸就会被拿走一个，如果矫正结束时他那里还有贴纸，就可以得到奖励。奖励的内容是可以任意得到一辆玩具小车或者一份零食。如果昊昊在矫正过程中出现一次攻击性行为，我们则会立刻拿走一个贴纸，告诉他扣除的理由是基于他自身什么具体的行为，并对他说"老师不喜欢你这么做"。如果昊昊在矫正过程中表现良好，我们会对他表示肯定，施以鼓励性的语言，比如"你今天管好了自己的小拳头，老师非常喜欢你这么做"并请昊昊自主选择他喜欢的奖励。

②行为替代

在观察和矫正的过程中发现，被试很想和他人建立联系，共同交往，但被试并不懂如何表达自己的愿望和诉求，往往用带有攻击性的肢体动作或语言来强行达成自己的想法，然而结果常常事与愿违。所以研究者尝试引导和鼓励被试用其他合适的替代行为来表达其自身的诉求。例如，玩雪花片时，昊昊自己手上的雪花片不够他完成他的建构，他就去拿别人的，拿不到就会攻击他人。为此，我们在游戏之前就对被试进行引导，例如，"如果你想要玩什么玩具，请你告诉老师""如果你想要他的玩具，请你问他愿不愿意跟你分享，不可以随便打人，小朋友都喜欢和礼貌的人一起玩游戏对不对"，在矫正开始之前我们会告诉昊昊，"你想说什么就举手，老师会请你回答""乱喊的话老师和小朋友都不知道你要说什么哦，要说出来才行"等。渐渐地，昊昊用言语等方式来取代怒吼、骂人的替代行为开始出现，攻击性行为的发生有所减少。

③言语提醒

在矫正过程中，如果被试进入常发生攻击性行为的情境中，或发现被试有出现攻击性行为的预兆时，会及时加以言语提醒，使被试对自己的行为提高警惕。比如即将开始玩游戏时，我们会提醒昊昊"待会儿玩游戏的时候，要不要管好自己的小手，做一个礼貌的小朋友呢？"；在昊昊与他人出现争执或矛盾的时候，研究者会提醒昊昊说"要是打人的话老师会拿走贴纸的哦"；如果昊昊一段时间内没有出现攻击性行为，研究者会告诉他"你今天都表现得很棒，继续保持就可以拿到奖励哦"。观察发现，这样的做法对昊昊控制自己的行为有一定的帮助，能够使他在各种活动中有意识地去规范自己的行为。

④行为阻断

当被试不顾研究者及其老师的言语劝阻，不可避免地发生了攻击性行为时，研究者会利用几种行为阻断的方法来处理。第一，控制其肢体动作，打断乃至终止其攻击性行为，比如：在昊昊不听劝阻仍在追逐打人的时候，我们会抓住他的双手并使他立刻停下来；第二，将其带离攻击性行为发生的现场，比如：在昊昊仍不听劝阻地大声向其他小朋友怒吼或吐口水时，我们会将其带离教室，去隔壁的玩具室让他冷静下来，并在其后进行批评教育。当出现严重攻击性行为，同时不听研究者劝阻且反抗激烈时，研究者则会暂时停止矫正策略，并寻求其他帮助。

7.3 结果

7.3.1 矫正结果

本研究中，被试在基线期（A1）、处理期（B）和第二个基线期（A2）的攻击性行为发生的频数如表7-5所示。

表7-5 被试各阶段攻击性行为发生的频数统计

阶段	第1天	第2天	第3天	第4天	第5天
A1	19	16	20	8	12
B	8	4	0	3	3
A2	7	7	10	8	11

7.3.2 数据分析

表7-6显示，与处理期和第二基线期相比，基线期数据不仅最小值与最大值数值较大（水平范围：8～12），且波动范围较大（极差：12），说明矫正前攻击性行为的基线水平明显高于矫正后攻击性行为水平；B阶段的最小值与最大值表现为三个阶段中最小（水平范围：0～8），波动范围小于A1阶段（极差：8<12）；A2阶段的最小值与最大值较之B阶段有稍许回升（水平范围：7～11>0～8），但波动范围较小（极差：4）。说明矫正阶段及矫正后的基线阶段，攻击性行为发生的总体数值较之第一个基线期有所减小，且波动较小。

从攻击性行为水平的平均值来看，B阶段及A2阶段内，被试发生攻击性行为的平均数（B：3.6，A2：8.6）明显低于A1阶段（3.6<8.6<15.0），这说明B、A2阶段内，也就是矫正期及经过矫正后的基线期内，被试攻击性行为的总体频数有所降低；其中B阶段较

之A1阶段的平均值，从15.0锐减到3.6，说明矫正策略发挥了明显的积极作用；A2阶段较之B阶段有所回升，说明矫正策略的维持效果不是很好。

从方差方面来看，B阶段及A2阶段的方差（B：8.3，A2：3.3）显示也远远低于A1阶段（A1：25.0），这说明B、A2阶段内，也就是矫正期及经过矫正后的基线期内，被试的攻击性行为次数趋于稳定表现。

表7-6　被试攻击性行为在各阶段内的统计数据

矫正阶段	A1	B	A2
水平范围	8～20	0～8	7～11
极差	12	8	4
平均值	15.0	3.6	8.6
方差	25.0	8.3	3.3

注：A1 = 基线期，B = 处理期，A2 = 第二基线期。

表7-7显示，从基线期、处理期、第二基线期攻击性行为水平的差异比较来看，在A1阶段和B阶段之间，被试的攻击性行为存在明显的差异（$t = 2.447$，$p = 0.004$），表明处理期能显著减少攻击性行为，攻击性行为矫正策略有效果。

表7-7　被试攻击性行为在阶段间的统计数据

矫正阶段比较	A1/B	B/A2	A1/A2
t 值（双侧临界）	2.447**	2.365**	2.57*
p 值	0.004	0.006	0.043

注：*$p < 0.05$，**$p < 0.01$。

7.4　讨论

7.4.1　正负强化结合、行为替代、言语提醒和行为阻断的矫正策略能有效减少幼儿攻击性行为

本研究在确定矫正策略时，首先对被试攻击性行为产生的原因进行了分析和评估。具体来看，以往研究者认为幼儿攻击性行为主要表现为"打人""捶门、桌子""怒吼、骂人"（詹方方，2010），而经过原因分析后发现，学前儿童攻击性行为产生的主要因素有：逃避负性刺激，消耗多余精力（管红云 等，2005），引起他人注意，满足自身需要等（王丽丽，2013）。在此基础上，我们针对不同的原因，综合采用了正、负强化结合，行为替代，言语提醒，行为阻断等策略来矫正幼儿各项类型的攻击性行为（林秋英，2019；王伟 等，2016）。数据显示，我们所采用的矫正策略有效地减少了被试攻击性行为的发生，这说明：基于原因分析，找出幼儿攻击性行为背后的本质原因，在此基础上采取相应的矫正策略以减少幼儿的攻击性行为是有效的。

7.4.2　幼儿攻击性行为受家庭教养方式、学校环境、教师教育教学方式的影响

本研究在对幼儿攻击性行为进行原因分析时，注意到除了幼儿本身的原因，其还受到包括家庭教养方式、学校环境、教师教育教学方式等多种因素在内的影响（蒋俊梅，2002；刘玉敏，2019；余杨，2018）。因此，在矫正过程中，除开研究者所进行的基于学校环境下的矫正之外，还应强调被试其原生家庭的配合。对其教养方式改善的建议如下：①家庭成员态度一致，教育统一（钱雪娟，2004）。家庭教育中的所有成年人都是该幼儿的教育者。所以每个人都要有一致的态度，对幼儿也

应有一致的要求。本个案家庭中父亲的教养态度较为严格，而妈妈、婆婆的态度宽松自由，一方批评一方维护，导致该幼儿认识不到自己的错误，顽劣品行逐渐形成。所以教育态度的一致性和连续性，在整个家庭教育系统中是尤为重要的。②"蹲下身"与幼儿平和地进行情感交流，进行积极的家庭成员互动（贾守梅，2013）。唯有与儿童处在平等的地位上，把他看成一个不断发展着的生命，而不是一个可以任意恶语相向的个体，成人的发泄工具，才能有效地与幼儿进行情感交流，以及实现家庭教育的目的。

7.4.3　A-B-A倒返实验是探索个案攻击性行为问题的有效研究方法

本研究通过A-B-A倒返实验设计，对被试的攻击性行为有针对性地进行了矫正，并通过矫正策略行之有效地降低了被试攻击性行为发生的次数。这说明当被试数量较少且异质性较大时，单一被试法是一种有效的研究方法（杜晓新，2002）。

7.4.4　研究贡献、研究局限与教育启示

本研究的贡献在于通过个案法有效实施了幼儿攻击性行为干预，并取得了明显成效。这在一定程度上弥补了现实中国内外相对较少探讨儿童攻击性行为矫正的不足。

然而，本研究存在以下几点局限：

第一，从研究方法本身来看，受不可抗因素影响，本研究的研究周期较短，对被试攻击性行为的采样及分类时间、矫正时间及观察时间都存在着一定的欠缺，周期的短时性可能对观察结果的代表性和科学性有一定的消极影响。且A-B-A实验法仍有需要改进之处，如果时间条件允许，本研究可采用A-B-A-B实验法可能会获得更好的实验效果。未来研究可进一步延长幼儿攻击性行为干预时间，同时扩大样本量，以提供更

加有利的攻击性行为干预证据。

第二，从矫正效果来看，本研究所采用的矫正策略在实验中期取得了一定的效果，但被试的攻击性行为在后期（基线期A2）出现了回升的趋势，这表明幼儿的行为矫正需要更为长期的坚持，需要干预人员付出持之以恒的努力。建议在未来研究中延长处理期的时间，切实提升幼儿攻击性行为干预质量和效果。

第三，从被试受到的多重影响因素来看，本研究只局限在幼儿园这一环境中进行，没能兼顾到被试家庭教养方式这一影响因素，以及这一因素在矫正过程对矫正效果的影响（比如：在家中度过周末后，被试的攻击性行为次数总会有所回升）。如果条件允许，未来研究可以征得家长同意并在家庭环境中开展矫正策略，从而全方位地对被试的攻击性行为进行矫正，可能会取得更好的矫正效果。

本研究对幼儿攻击性行为干预有如下启示：

第一，增强幼儿攻击性认知水平。首先是提升幼儿判断行为对错的认知能力，家长和教师需要培养幼儿内心对于攻击性行为的明确认知，就要提取典型和反复强调，使得幼儿能够分辨什么是攻击性行为，以及面对该行为时的态度。其次是提升幼儿对于理解原因方面的认知能力。通常，人们对事发原因的正确理解，决定了其随后做出应对举措的行为方向。

第二，提升幼儿攻击性行为的移情训练效果。移情是个体在觉察他人情绪反应时，能体验他人情绪反应的能力。幼儿如果移情能力欠佳，那么在交往中对于接收同伴的讯息，对同伴的行为作出正确回应的能力就会大打折扣，幼儿在交往中受挫，则其友好社会交往就会减少，与此同时，攻击性行为也会相应增多。因此，幼儿移情能力的养成影响着其交往的行为方式，教师在平时的教学活动中，可以选择以角色游戏为载体，通过开展角色游戏，促使幼儿在相互扮演角色的过程中来锻炼和提升其移情能力。

第三，指导幼儿正确利用大众传媒。大众传媒中的影视作品良莠不齐，且某些带有暴力、恐怖、色情的内容不适宜幼儿观看，幼儿园和家长在为幼儿挑选影视作品时，首先应剔除不良的作品。其次，应利用幼儿对动画作品的喜爱和模仿行径，通过播放一些有相关教育意义的作品来对幼儿产生潜移默化的教育效果。而在幼儿观看影视作品的过程中，成人应从一旁适时并恰当地解释和评价他们所看到的电视节目中的人物形象，以此来避免幼儿理解上的偏差，同时通过从旁的辅助提示来使幼儿形成更为深刻的相关认知。

第四，指导教师正确干预幼儿攻击性行为。在幼儿园期间，教师的眼睛应该多关注安全感缺乏的孩子，给其足够的内心支持，不至于其为了引起注意或缺乏自信而故意做出攻击性行为。同时教师在面对幼儿的问题行为时，首先能够有明确的态度，其次在过程中能够妥善处理，不姑息，不妥协，也不过度批评，更要杜绝体罚行为。

参考文献

李梦迪，牛玉柏，温广辉.短时亲社会电子游戏对小学儿童攻击行为的影响［J］.应用心理学，2016，22（3）：218-226.

曹晓君，陈旭.3~5岁留守幼儿抑制性控制与攻击性行为的关系研究［J］.中国特殊教育，2012（6）：45-49.

曹晓君，夏云川.家庭生态系统下幼儿攻击行为的影响因素及其干预方案启示［J］.现代教育科学，2018（11）：152-158.

曾凡林，戴巧云，汤盛钦，等.观看电视暴力对青少年攻击行为的影响［J］.中国临床心理学杂志，2004（1）：35-37.

陈昌凯，徐琴美.3~6岁幼儿对攻击性行为的认知评价分析［J］.心理发展与教育，2003，19（1）：5-8.

陈朝阳，王晨雪，翟昶明，等.亲社会视频游戏对游戏者助人行为的影响［A］.增强心理学服务社会的意识和功能——中国心理学会成立90周年纪念大会暨第十四届全国心理学学术会议论文摘要集［C］，2011：861.

陈帼眉.学前心理学［M］.北京：人民教育出版社，2015.

陈海龙.亲社会性歌词音乐对大学生攻击行为倾向的影响［D］.杭州：浙江师范大学，2014.

陈丽丽.沙箱游戏疗法对攻击性儿童的鉴别与干预研究［D］.上海：华东师范大学，2008.

陈世平.儿童人际冲突解决策略与欺负行为的关系［J］.心理科学，2001，24（2）：234-235.

陈英和.发展心理学［M］.北京：北京师范大学出版社，2015.

成康.初中生孤独感、班级环境和攻击行为的关系研究［D］.长沙：湖南师范大学，2017.

崔露.幼儿动画人物的性别角色研究［D］.重庆：西南大学，2016.

窦维杰.幼儿攻击性行为的成因及对策初探［J］.天津市教科院学报，2004（5）：70-72.

杜嘉鸿，刘凌.动画电影中的暴力内容及其对儿童心理健康的影响［A］.第十五届全国心理学学术会议论文摘要集［C］.2012：147.

杜晓新.单一被试实验研究中的效度问题［J］.中国特殊教育，2002（3）：23-26.

樊丽娜.0-6岁幼儿使用新媒体的现状研究［D］.长春：东北师范大学，2017.

高竹青.社会情绪教育对大班幼儿外化问题行为影响的实证研究［D］.上海：上海师范大学，2016.

关文旭.2018年中国动画发展扫描［J］.中国广播电视学刊，2019（2）：49-53.

郭鹏举.暴力电子游戏对内隐攻击性认知的影响研究［A］.第十八届全国心理学学术会议摘要集——心理学与社会发展［C］.2015：858-859.

郭晓丽，江光荣，朱旭.暴力电子游戏的短期脱敏效应：两种接触方式比较［J］.心理学报，2009，41（3）：259-266.

管红云，王声湧，刘治民，等.学龄前儿童攻击性行为的影响因素分析［J］.中国学校卫生，2005，26（11）：18-19.

韩丹华．被拒绝幼儿同伴交往的个案研究［D］.南京：南京师范大学，

2016.

何国强.动画在幼儿攻击性行为中的影响及其对策［J］.现代中小学教育，2005，31（4）：89-92.

衡书鹏，周宗奎，牛更枫，等.虚拟化身对攻击性的启动效应：游戏暴力性、玩家性别的影响［J］.心理学报，2017，49（11）：1460-1472.

衡书鹏，周宗奎，孙丽君，等.游戏暴力合理性对攻击性的影响：一个有中介的调节模型［J］.心理发展与教育，2018，34（1）：49-57.

胡玉宁，朱学芳.微媒体时代下青年社会心态的分析与引导［J］.中国青年研究，2016（11）：87-92.

霍倩文.幼儿攻击性行为干预的循证实践研究［D］.金华：浙江师范大学，2017.

贾否.动画概论（第三版）［M］.北京：中国传媒大学出版社，2010.

贾宏燕.幼儿攻击性行为的影响因素及综合矫正策略［J］.太原师范学院学报，2008（2）：112-114.

贾守梅.学龄前儿童攻击性行为的家庭系统研究［D］.上海：复旦大学，2013.

简福平.小学儿童攻击性行为发展特点的研究［D］.重庆：西南师范大学，2005.

江晓清.儿童模仿动画片情节酿惨剧法律责任归谁？［N］.天津日报，2013-12-26（11）.

蒋万宇.动画片对儿童社会化的影响［D］.重庆：西南政法大学，2013.

蒋俊梅.儿童攻击性行为的影响因素及矫正［J］.教育探索，2002（8）：71-73.

解男.父母教养方式、自我控制与幼儿攻击性行为的关系研究［D］.鞍山：鞍山师范学院，2015.

柯美玲.大学生愤怒水平对关系性攻击行为的影响——以愤怒控制为调节
　　变量［D］.黄石：湖北师范大学，2017.

雷浩，刘衍玲.国内外青少年攻击性认知研究的现状及展望［J］.中国特
　　殊教育，2012（7）：80-86.

雷浩，魏锦，刘衍玲，等.亲社会性视频游戏对内隐攻击性认知抑制效应
　　的实验［J］.心理发展与教育，2013，29（1）：10-17.

李丹.评述发展心理学中的习性学观点［J］.心理科学，1998（3）：3-5.

李锋.幼儿攻击性行为归因与综合教育干预［J］.甘肃联合大学学报（社
　　会科学版），2010，26（2）：111-114.

李航.社会排斥、社会接纳与多巴胺代谢系统基因对攻击的影响：一项实
　　验研究［D］.济南：山东师范大学，2016.

李婧洁，张卫，甄霜菊，等.暴力电脑游戏对个体攻击性的影响［J］.心
　　理发展与教育，2008（2）：108-112.

李静逸.教师期望与小学高年级学生攻击性行为的关系研究［D］.开封：
　　河南大学，2016.

李娟.个体暴力游戏经验对攻击性信息注意偏向的影响［D］.重庆：西南
　　大学，2013.

李俊.3~9岁儿童的攻击性行为调查［J］.心理发展与教育，1994（4）：
　　43-46.

李兴.浅析幼儿园儿童的攻击行为［J］.扬州教育学院学报，2001，3
　　（19）：86-89.

李祖娴.青少年生活压力事件、人格特质和攻击行为的关系研究［D］.广
　　州：广州大学，2010.

梁爽.亲社会歌曲对攻击性情感的影响：歌词和伴奏的作用［D］.桂林：
　　广西师范大学，2015.

林崇德.发展心理学［M］.北京：人民教育出版社，1995.

林秀娟.动漫暴力特征对青少年攻击性的影响［D］.开封：河南大学，
　2014.

林秋英.智障生攻击性行为矫正的个案研究［J］.华夏教师，2019（6）：
　90.

刘粹，王玉凤，王希林.社会技能训练对儿童行为问题的干预研究［J］.
　中国心理卫生杂志，2004（9）：603-606.

刘桂芹.武器图片和暴力电影片段对青少年攻击性认知的启动研究［D］.
　重庆：西南大学，2010.

刘灵.中学生攻击行为的情境特征研究［D］.福州：福建师范大学，2005.

刘瑞.暴力动画对学前儿童社会化认知发展的研究［J］.儿童发展研究，
　2017（1）：28-32.

刘思一.言语虐待、拒绝敏感性与心理压力的关系［D］.哈尔滨：哈尔滨
　工程大学，2016.

刘晓静.幼儿同伴冲突行为研究［D］.南京：南京师范大学，2002.

刘玉敏.生态学视角下留守儿童攻击性行为的影响因素及干预策略［J］.
　陕西学前师范学院学报，2019，35（8）：25-29.

龙路英.学前儿童行为问题的箱庭干预研究［D］.大连：辽宁师范大学，
　2008.

栾程程.父亲教养方式对小学生攻击性行为的影响：宽恕的中介作用及干
　预［D］.桂林：广西师范大学，2014.

马丹.移情训练对幼儿攻击行为的干预研究［D］.开封：河南大学，2015.

马剑侠.学前儿童攻击行为的发展特点及矫正［J］.教育评论，2002
　（2）：1.

倪林英.大学生攻击行为及其影响因素的研究［D］.南昌：江西师范大

学，2005.

宁红，邱亚伟，王亚琴.动画与真人暴力形象对儿童攻击性影响的比较研究［J］.心理科学进展，2014，4（3）：425-431.

潘绮敏，张卫.青少年攻击性问卷的编制［J］.心理与行为研究，2007（1）：41-46.

钱雪娟."攻击"后的反思——幼儿攻击行为的家庭成因及对策［J］.学前教育研究，2004（10）：37-38.

邱晨辉.调查：中国二成青少年有电子游戏成瘾现象或风险［N］.中国青年报，2018-07-02.

邱方晖，罗跃嘉，贾世伟.个体攻击性对愤怒表情类别知觉的影响［J］.心理学报，2016，48（8）：946-956.

曲亚.沙盘游戏对幼儿攻击性行为的干预研究［D］.大连：辽宁师范大学，2019.

任频捷.动画片对中国儿童暴力性倾向的影响［J］.南京大学学报，2002（4）：153-160.

皮亚杰.发生认识论原理［M］.北京：商务印书馆，2011.

施桂娟，高雪梅，李娟.暴力视频游戏中不同攻击动机对玩家攻击性的影响［J］.心理科学，2013，36（3）：612-615.

施威.内隐自尊对攻击性线索注意加工偏向的影响［D］.昆明：云南师范大学，2007.

施莹娟，冯永林，谢红涛，等.学龄前儿童攻击性行为的调查［J］.神经疾病与精神卫生，2011，11（4）：369-371.

舒华.心理与教育研究中的多因素实验设计［M］.北京：北京大学出版社，2017.

帅琳.电视节目中榜样行为对儿童助人行为影响的实证研究［D］.上海：

华东师范大学，2015.

宋玉欣，王佳宁.媒体暴力接触对初中生网络欺负的影响［D］.哈尔滨：
哈尔滨师范大学，2019.

苏生.对二—七岁儿童攻击行为的干预研究［D］.上海：上海师范大学，
2012.

孙钾诒，刘衍玲.非暴力视频游戏中竞争情境对玩家合作倾向和攻击倾向
的影响［J］.心理发展与教育，2019，35（1）：32-39.

唐善生.褒扬、恭维与讽刺言语行为构成分析［J］.修辞学习，2003，
（4）：15-17.

滕召军，刘衍玲，潘彦谷，等.媒体暴力与攻击性：社会认知神经科学视
角［J］.心理发展与教育，2013，29（6）：664-672.

滕召军.亲社会视频游戏抑制攻击行为的短时效应：ERP研究［D］.重
庆：西南大学，2015.

田媛，周宗奎，谷传华，等.网络中暴力刺激对青少年内隐攻击性的影响
［J］.中国特殊教育，2011（7）：75-81.

王晨雪.不同类型视频游戏对游戏者亲社会行为倾向的影响［D］.宁波：
宁波大学，2011.

王丽丽.儿童攻击性行为的成因及其教育对策［J］.湖北函授大学学报，
2013，26（12）：110-111.

王美芳，张文新.中小学中欺负者、受欺负者与欺负-受欺负者的同伴关系
［J］.心理发展与教育，2002（2）：1-5.

王姝琼，张文新，陈亮，等.儿童中期攻击行为测评的多质多法分析
［J］.心理学报，2011，43（3）：294-307.

王亚琳.动画片中的暴力倾向对儿童认知及行为偏差的影响［J］.中小学
心理健康教育，2016（5）：9-12.

王益文，张文新.3～6岁儿童"心理理论"的发展［J］.心理发展与教育，2002（1）：11-15.

王益文.3～4岁儿童攻击行为的多方法测评及其与"心理理论"的关系［D］.济南：山东师范大学，2002.

王子祥，王娟，李佳浩，等.亲社会背景抑制游戏对助人行为的消极影响［J］.中国健康心理学杂志，2016，24（7）：1012-1016.

王伟，成荣信，李豫成.中国人家庭亲子教育手册［M］.成都：电子科技大学出版社，2016.

卫晓萍.3～6岁幼儿分享行为发展研究［D］.贵州：贵州师范大学，2015.

魏华，张丛丽，周宗奎，等.媒体暴力对大学生攻击性的长时效应和短时效应［J］.心理发展与教育，2010，26（5）：489-494.

辛自强，池丽萍.虚拟世界的暴力对儿童攻击行为的影响机制［J］.中国教育学刊，2004（5）：43-46.

邢淑芬，王丹旸，林崇德.媒体暴力对儿童青少年攻击行为的影响和心理机制［J］.华东师范大学学报，2015，33（3）：71-78.

徐文，唐雪珍.中、大班幼儿攻击性行为特点的比较［J］.萍乡学院学报，2017，34（5）：99-104.

熊雪芹，刘佳，石菡，等，成素望.屏幕时间与亲子关系、学龄儿童社会能力及行为问题的关系研究［J］.中国妇幼保健，2019，34（4）：899-904.

杨丹.视频游戏对儿童攻击行为的影响研究［D］.南昌：江西师范大学，2016.

闫美丽.4～5岁儿童欺负行为与儿童气质、母亲教养方式的相关研究［D］.呼和浩特：内蒙古师范大学，2007.

杨春红.反语的语用理解［J］.西华大学学报，2005（6）：88-92.

杨序斌，张磊，傅建民.一般学习模型下亲社会媒体接触对亲社会行为倾向影响的研究［J］.青年与社会，2014（1）：223-224.

杨治良，刘素珍."攻击性行为"社会认知的实验研究［J］.心理科学，1996（2）：75-78，127.

应贤慧，戴春林.中学生移情与攻击行为：攻击情绪与认知的中介作用［J］.心理发展与教育，2008（2）：73-78.

余杨.幼儿攻击性行为的习得及其教育策略——基于社会学习理论［J］.教育导刊，2018（4）：46-50.

余相静.初中生自尊、情绪智力与攻击行为的关系研究［D］.长春：东北师范大学，2014.

张骞.暴力动画片对5~6岁幼儿攻击性认知的启动效应［J］.心理发展与教育，2020，36（3）：265-274.

张骄，刘云艳.攻击性儿童行为矫正和认知疗法的个案研究［J］.中国特殊教育，2008（1）：89-91.

张金秀.移情训练与交往归因训练对小学儿童攻击行为影响的干预研究［D］.石家庄：河北师范大学，2012.

张利华，徐晓梅，宋思权，等.心理干预对不同性别正畸患者治疗性疼痛的影响［J］.国际口腔医学杂志，2014，41（4）：396-400.

张林，吴晓燕.中学生攻击性行为的注意偏向与冲动控制特征［J］.心理学探新，2011，31（2）：128-132.

张倩，郭念锋.攻击行为儿童大脑半球某些认知特点的研究［J］.心理学报，1999，31（1）：104-110.

张胜芳，丁艳云.浅析动画片中的暴力行为对学前儿童攻击性的影响——从班杜拉的观察学习理论看［J］.大众文艺，2011（23）：127-128.

张文新，管益杰，任朝霞，等.独生与非独生儿童的攻击性及其影响因素的研究［J］.山东师大学报，1997（6）：60-64.

张文新，纪林芹，宫秀丽，等.3~4岁幼儿攻击性行为发展的追踪研究
　　［J］.心理科学，2003，26（1）：44-47.

张文新，武建芬，程学超.儿童欺侮问题研究综述［J］.心理学动态，
　　1999（3）：37-42.

张文新，张福建.学前儿童在园攻击性行为的观察研究［J］.心理发展与
　　教育，1996（4）：18-34.

张学民，李茂，宋艳，等.暴力游戏中射杀动作和血腥成分对玩家和观看
　　者攻击倾向的影响［J］.心理学报，2009，41（12）：1228-1236.

张一，陈容，刘衍玲.亲社会视频游戏对国外青少年行为的影响［J］.心
　　理科学进展，2016，24（10）：1600-1612.

张照.挫折与自我损耗对大学生运动员攻击行为的影响：激惹的调节作用
　　［D］.北京：北京体育大学，2016.

赵津晶.警惕进口动画片的暴力倾向［J］.中国电视，2003（7）：76-78.

赵丽，江光荣.中学生游戏暴力接触与攻击性的相关研究［J］.中国临床
　　心理学杂志，2010，18（6）：765-768.

赵阳，石岩.我国足球场观众言语攻击现象探析［J］.体育与科学，2006
　　（2）：82-86.

赵孜.3~6岁幼儿抑制控制与攻击性行为的关系的发展研究［D］.天津：
　　天津师范大学，2018.

詹方方.儿童攻击性行为研究［J］.中国健康心理学杂志，2010，18
　　（7）：891-893.

郑昊敏，温忠麟，吴艳.心理学常用效应量的选用与分析［J］.心理科学
　　进展，2011，19（12）：1868-1878.

郑梅.言语攻击研究［D］.长春：吉林大学，2007.

智银利，刘丽.儿童攻击性行为研究综述［J］.教育理论与实践，2003，23（7）：43-45.

周利娜，张文新，纪林芹.儿童攻击与母亲教养及家庭功能的关系［A］.第十一届全国心理学学术会议论文摘要集［C］，2007：97.

周敏.网络热门影视对青少年认知、情感、行为的影响［J］.北京青年研究，2014，23（1）：71-75.

周晓虹.社会心态、情感治理与媒介变革［J］.探索与争鸣，2016（11）：32-35.

周宗奎.现代儿童发展心理学［M］.合肥：安徽人民出版社，1999.

朱滢.实验心理学［M］.北京：北京大学出版社，2000.

Anderson, C. A., Sakamoto, A., Gentile, D. A., et al. Longitudinal effects of violent video games on aggression in Japan and the United States ［J］. Pediatrics, 2008, 122（5）: e1067-e1072.

Aber, J. L., Brown, J. L., & Jones, S. M.. Developmental trajectories toward violence in middle childhood: course, demographic differences, and response to school-based intervention ［J］. Developmental Psychology, 2003, 39（2）: 324-348.

Adachi, P., & Willoughby, T.. The longitudinal association between competitive video game play and aggression among adolescents and young adults ［J］. Journal of Ecclesiastical History, Child Development, 2016, 87（6）: 1877-1892.

Adachi, P., & Willoughby, T.. The effect of violent video games on aggression: Is it more than just the violence? ［J］.Aggression and Violent Behavior, 2010, 16（1）: 55-62.

Aronson, E., Wilson, T. D., & Akert, R. M.. Social Psychology（7th ed.）［M］. Upper Saddle River: Prentice Hall, 2009.

Alink, L. R., Mesman, J., Van Zeijl, J., et al. The early childhood aggression curve: Development of physical aggression in 10- to 50-month-old children［J］. Child Development, 2006, 77（4）: 954-966.

Allen, J. J., Anderson, C.A., & Bushman, B. J.. The general aggression model［J］. Current Opinion in Psychology, 2018, 19: 75-80.

Anderson, C. A.. An update on the effects of playing violent video games ［J］. Journal of adolescence, 2004, 27（1）: 113-122.

Anderson, C. A.. Effects of violent movies and trait irritability on hostile feelings and aggressive thoughts［J］. Aggressive Behavior, 1997, 23 （3）, 161-178.

Anderson, C. A., & Bushman, B. J.. Effects of violent video games on aggressive behavior, aggressive cognition, aggressive affect, physiological arousal, and prosocial behavior: a meta-analytic review of the scientific literature［J］. Psychological Science, 2001, 12（5）: 353-359.

Anderson, C. A., & Bushman, B. J.. Media violence and the general aggression model［J］. Journal of Social Issues, 2018, 74（2）: 386-413.

Anderson, C. A., & Bushman, B. J.. The effects of media violence on society［J］. Science, 2002, 295（5564）: 2377-2379.

Anderson, C. A., & Bushman, B. J.. Human aggression［J］. Annual Review of Psychology, 2002, 53（1）: 27-51.

Anderson, C. A., & Carnagey, N. L.. Causal effects of violent sports video games on aggression: Is it competitiveness or violent content?［J］.

Journal of Experimental Social Psychology, 2009, 45（4）: 731-739.

Anderson, C. A., & Dill, K. E.. Video games and aggressive thoughts, feelings, and behavior in the laboratory and in life [J]. Journal of Personality and Social Psychology, 2000, 78（4）: 772-790.

Anderson, C. A., Benjamin, A. J., & Bartholow, B. D.. Does the gun pull the trigger? Automatic priming effects of weapon pictures and weapon names [J]. Psychological Science, 1998, 9（4）: 308-314.

Anderson, C. A., Bushman, B. J., Bartholow, B. D., et al. Screen violence and youth behavior [J]. Pediatrics, 2017, 140（2）: S142-S147.

Anderson, C. A., Carnagey, N. L., Flanagan, M., et al. Violent video games: Specific effects of violent content on aggressive thoughts and behavior [J]. Advances in Experimental Social Psychology, 2004, 36: 199-249.

Anderson, C. A., Murphy, C. R.. Violent video games and aggressive behavior in young women [J]. Aggressive Behavior, 2003, 29（5）: 423-429.

Anderson, C. A., Shibuya, A., Ihori, N., et al. Violent video game effects on aggression, empathy, and prosocial behavior in Eastern and Western countries: A meta-analytic review [J]. Psychological Bulletin, 2010, 136（2）: 151-173.

Anderson, C. A., Suzuki, K., Swing, E. L., et al. Media violence and other aggression risk factors in seven nations [J]. Personality and Social Psychology Bulletin, 2017, 43（7）: 986-998.

Archer, J.. Does sexual selection explain human sex differences in aggression

［J］. Behavioral and Brain Sciences，2009，32（3-4）：249-266.

Archer，J.. Sex differences in aggression in real-world settings：A meta-analytic review［J］.Review of General Psychology，2004，8（4）：291-322.

Benjamin，A. J.，Kepes，S.，& Bushman，B.J.. Effects of weapons on aggressive thoughts，angry feelings，hostile appraisals，and aggressive behavior：A meta-analytic review of the weapons effect literature［J］. Personality and Social Psychology Review，2018，22（4）：347-377.

Armanda，P. D. M. M.，Alves Ferreira，J. A. G.，& Haase，R. F.. Television and aggression：a test of a mediated model with a sample of portuguese students［J］. Journal of Social Psychology，2012，152（1）：75-91.

Asher，S. R.，& Dodge，K. A.. Identifying children who are rejected by their peers［J］. Developmental Psychology，1986，22（4）：444-449.

Atkin，C.，Smith，S.，Roberto，A.，et al. Correlates of verbally aggressive communication in adolescents［J］. Journal of Applied Communications Research，2002，30（3）：251-268.

Baillargeon，R. H.，Zoccolillo，M.，Keenan，K.，et al. Gender differences in physical aggression：A prospective population-based survey of children before and after 2 years of age［J］. Developmental Psychology，2007，43（1）：13-26.

Bajcar，E. A.，& Przemysław，B.. How does observational learning produce placebo effects? A model integrating research findings［J］. Frontiers in Psychology，2018，9：2241.

Baker，K.. Conduct disorders in children and adolescents［J］. Paediatrics &

Child Health, 2016, 26（12）: 534-539.

Alan, C., & Kerckhoff.. Aggression: a social learning analysis [J]. American Journal of Sociology, 1974, 80（1）, 250-251.

Ball, H. A., Arseneault, L., Taylor, A., et al. Genetic and environmental influences on victims, bullies and bully-victims in childhood [J]. Journal of Child Psychology and Psychiatry, 2008, 49（1）: 104-112.

Ballard, M. E., & Robert, L.. Video game violence and confederate gender: Effects on reward and punishment given by college males [J]. Sex Roles, 1999, 41（7-8）: 541-558.

Bandura, A.. Aggression: a social learning analysis [J]. American Journal of Sociology, 1973, 26（5）, 1101-1109.

Bandura, A.. Aggression: A social learning theory analysis [M]. Opper Saddle River: Prentice-Hall, 1973.

Bandura, A.. Social cognitive theory of mass communication [J]. Media Psychology, 2001, 3（3）: 265-299.

Bandura, A., & Cliffs, N.. Social foundations of thought and action: A social cognitive theory [M]. Opper Saddle River: Prentice-Hall, 1985.

Bandura, A.. Social learning theory [M]. Opper Saddle River: Prentice Hall, 1977.

Bandura, A.. Social learning theory of aggression [J]. Journal of Communication, 1978, 28（3）: 12-29.

Bandura, A., Ross, D., & Ross, S. A.. Transmission of aggression through imitation of aggressive models [J]. Journal of Abnormal and Social Psychology, 1961, 63（3）: 575-582.

Bargh, J. A., Lombardi, W. J., & Higgins, E. T.. Automaticity of chronically accessible constructs in person xsituation effects on person perception: it's just a matter of time [J]. Journal of Personality and Social Psychology, 1988, 55（4）: 599-605.

Barlett, C., Branch, O., Rodeheffer, C., et al. How long do the short-term violent video game effects last? [J]. Aggressive Behavior, 2009, 35（3）: 225-236.

Baron, R. A., & Richardson, D. R.. Human Aggression [M]. New York: Plenum, 2004.

Barr, R.. Developing social understanding in a social context. Blackwell Handbook of Early Childhood Development [M]. Oxford: Blackwell Publishing, 2006: 188-207.

Bartholow, B. D., & Anderson, C. A.. Effects of violent video games on aggressive behavior: Potential differences [J]. Journal of Experimental Social Psychology, 2002, 38（3）: 283-290.

Bartholow, B. D., Anderson, C. A., Carnagey, N. L., et al. Interactive effects of life experience and situational cues on aggression: The weapons priming effect in hunters and nonhunters [J]. Journal of Experimental Social Psychology, 2005, 41（1）: 48-60.

Bartholow, B. D., Sestir, M. A., & Davis, E. B.. Correlates consequences of exposure to video game violence: Hostile personality, empathy, and aggressive behavior [J]. Personality and Social Psychology Bulletin, 2005, 31（11）, 1573-1586.

Bassett, D. S., & Gazzaniga, M. S.. Understanding complexity in the human brain [J]. Trends in Cognitive Sciences, 2011, 15（5）: 200-209.

Bechtoldt, H.. Playing violent video games, desensitization, and moral evaluation in children [J]. Journal of Applied Developmental Psychology, 2003, 24（4）: 413-436.

Beijsterveldt, C. E. M. V., Verhulst, F. C., Molenaar, P. C. M., et al. The Genetic Basis of Problem Behavior in 5-Year-Old Dutch Twin Pairs [J]. Behavior Genetics, 2004, 34（3）: 229-242.

Berkowitz, L.. Some effects of thoughts on anti- and prosocial influences of media events: A cognitive-neoassociation analysis. [J]. Psychological Bulletin, 1984, 95（3）: 410-427.

Berkowitz, L.. Frustration-aggression hypothesis: Examination and reformulation [J]. Psychological Bulletin, 1989, 106（1）, 59-73.

Berkowitz, L.. Aggression: Its causes, consequences, and control [M]. New York: McGraw-Hill, 1993.

Berkowitz, L.. On the formation and regulation of anger and aggression. A cognitive-neoassociationistic analysis. [J]. American Psychologist, 1990, 45（4）: 494-503.

Bernstein, S., Richardson, D., & Hammock, G.. Convergent and discriminant validity of the taylor and buss measures of physical aggression [J]. Aggressive Behavior, 1987, 13（1）: 15-24.

Björkqvist & Kaj. Gender differences in aggression [J]. Current Opinion in Psychology, 2018, 19: 39-42.

Blumberg, F. C., Bierwirth, K. P., & Schwartz, A. J.. Does Cartoon Violence Beget Aggressive Behavior in Real Life? An Opposing View [J]. Early Childhood Education Journal, 2008, 36（2）: 101-104.

Böhm, T., Ruth, N., & Schramm, H.. "Count on Me" —The Influence of Music with Prosocial Lyrics on Cognitive and Affective Aggression [J] . Psychomusicology Music Mind & Brain, 2016, 26（3）：279-283.

Boulton, M. J.. Children's hostile attribution bias is reduced after watching realistic playful fighting, and the effect is mediated by prosocial thoughts [J] . Journal of Experimental Child Psychology, 2012, 113（1）：36-48.

Boutwell, B. B., Franklin, C. A., Barnes, J. C., et al. Physical punishment and childhood aggression：the role of gender and gene-environment interplay [J] . Aggressive Behavior, 2011, 37：559-568.

Bowers, J. S., & Turner, E. L.. In Search of Perceptual Priming in a Semantic Classification Task [J] .Journal of Experimental Psychology：Learning, Memory, and Cognition, 2003, 29（6）：1248-1255.

Bowie, B. H.. Relational aggression, gender, and the developmental process [J] . Journal of Child and Adolescent Psychiatric Nursing, 2007, 20（2）：107-115.

Boyle, E., Connolly, T. M., & Hainey, T.. The role of psychology in understanding the impact of computer games [J] . Entertainment Computing, 2011, 2（2）：69-74.

Brad, J., & Bushman. "Boom, Headshot!"：Violent first-person shooter（FPS）video games that reward headshots train individuals to aim for the head when shooting a realistic firearm [J] . Aggressive behavior, 2019, 45（1）：33-41.

Breuer, J., & Elson, M.. Frustration-aggression theory [M] . New York：John Wiley & sons, 2017.

Browne, K. D., & Hamilton, G. C.. The influence of violent media on children and adolescents: a public-health approach [J]. Lancet, 2005, 365 (9460): 702-710.

Buckley, K. E., & Anderson, C. A.. A Theoretical Model of the effects and consequences of playing video games [M]. Mahwah: Lawrence Erlbaum Associates Publishers, 2006.

Jansz, J.. Playing video games: Mories, responses, and consequmlesby Peter rorder & Jemings Bryand [J]. Journal of communication, 2006, 56 (4): 861-862.

Bukowski, W. M.. Age differences in children's memory of information about aggressive, socially withdrawn, and prosociable boys and girls [J]. Child Development, 1990, 61 (5): 1326-1334.

Bushman, B. J.. Individual Differences in the Extent and Development of Aggressive Cognitive-Associative Networks [J]. Personality and Social Psychology Bulletin, 1996, 22 (8): 811-819.

Bushman, B. J.. Moderating Role of Trait Aggressiveness in the effects of violent media on aggression [J]. Journal of Personality and Social Psychology, 1995, 69 (5): 950-960.

Bushman, B. J., & Huesmann, L. R.. Short-term and long-term effects of violent media on aggression in children and adults [J]. Archives of Pediatrics and Adolescent Medicine, 2006, 160 (4): 348-352.

Buss, A. H., & Perry, M. P.. The aggression questionnaire [J]. Journal of Personality and Social Psychology, 1992, 63 (3): 452-459.

Büyüktaskapu, S. S., Devlet, A. P., & Hayriye, A.. Aggressive behaviors of 48- to 66-month-old children: Predictive power of teacher-student relationship, cartoon preferences and mother's attitude [J]. Early Child

Development and Care, 2017, 187（8）：1244-1258.

Cacioppo, J. T.. Social neuroscience：Understanding the pieces fosters understanding the whole and vice versa［J］. American Psychologist, 2002, 57（11），819-831.

Cahill, L.. Fundamental sex differences in human brain architecture［J］. Proceedings of the National Academy of Sciences, 2014, 111（2）：577-578.

Ingalhalikar, M., Smith, A., Parker, D., et al. Sex differences in the structural connectome of the human brain［J］. Proceedings of the National Academy of Sciences, 2014, 111（2）：823-828.

Cairns, R., Cairns, B., & Neckerman, H.. Early school dropout：configurations and determinants［J］. Child Development, 1989, 60（6）：1437-1452.

Calvert, S. L., Huston, A. C., Watkins, B. A., et al. J. The Relation between Selective Attention to Television Forms and Children's Comprehension of Content［J］. Child Development, 1982, 53（3）：601-610.

Card, N. A., Sawalani, G. M., Stucky, B. D., et al. Direct and indirect aggression during childhood and adolescence：A meta-analytic review of gender differences, intercorrelations, and relations to maladjustment［J］. Child Development, 2008, 79（5）：1185-1229.

Cardaba, M. A. M., Brinol, P., Brandle, G., et al. The moderating role of aggressiveness in response to campaigns and interventions promoting anti-violence attitudes［J］. Aggressive Behavior, 2016, 42（5）：471-482.

Carlo, G., Raffaelli, M., Laible, D. J., et al. Why are girls less physically aggressive than boys? personality and parenting mediators of physical aggression [J]. Sex Roles, 1999, 40 (9-10): 711-729.

Carnagey, N. L., & Anderson, C. A.. The effects of reward and punishment in violent video games on aggressive affect, cognition, and behavior [J]. Psychological Science, 2005, 16: 882-889.

Caspi, A., Elder, G., & Bern, D.. Moving against the world: Life-course patterns of explosive children [J]. Developmental Psychology, 1987, 23 (2): 308-313.

Chambers, J. H., & Ascione, F. R.. The effects of prosocial and aggressive video games on children's donating and helping [J]. Journal of Genetic Psychology, 1987, 148 (4): 499-505.

Chang, J. H., Bushman, B. J.. Effect of exposure to gun violence in video games on children's dangerous behavior with real guns: A randomized clinical trial [J]. JAMA Network Open, 2019, 2 (6): 194-319.

Coker, T. R., Elliott, M. N., Schwebel, D. C., et al. Media violence exposure and physical aggression in fifth-grade children [J]. Academic Pediatrics, 2015, 15 (1): 82-88.

Cohen, D. J., Eckhardt, C. I., & Schagat, K. D.. Attention allocation and habituation to anger-related stimuli during a visual search task [J]. Aggressive Behavior, 1998, 24 (6): 399-409.

Collins, A. M., & Loftus, E. F.. A spreading activation theory of semantic processing [J]. Psychological Review, 1975, 82 (2): 407-428.

Coyne, S. M., Jensen, A. C., Smith, N. J., et al. Super Mario brothers and sisters: Associations between coplaying video games and sibling conflict and affection [J]. Journal of Adolescence, 2016, 47: 48-59.

Coyne, S. M., Padilla-Walker, L. M., Stockdale, L., et al. Game On…
Girls: Associations Between Co-playing Video Games and Adolescent
Behavioral and Family Outcomes [J] . Journal of Adolescent Health,
2011, 49（2）: 160-165.

Coyne, S. M.. Effects of viewing relational aggression on television on
aggressive behavior in adolescents: A three-year longitudinal study [J] .
Developmental Psychology, 2016, 52（2）: 284-295.

Coyne, S. M., Padilla-Walker, L. M., Holmgren, H. G., et al. A meta-
analysis of prosocial media on prosocial behavior, aggression, and
empathic concern: A multidimensional approach [J] . Developmental
Psychology, 2018, 54（2）: 331-347.

Craig, A. A., Douglas, A. G., & Katherine E. B.. Violent video game
effects on children and adolescents: Theory, research, and policy [M] .
New York: Oxford University Press, 2007.

Craig, L. A., Browne, K. D., Beech, A., et al. Differences in personality
and risk characteristics in sex, violent and general offenders [J] .
Criminal Behavior and Mental Health, 2006, 16（3）: 183-194.

Crick, N. R., & Bigbee, M. A.. Relational and overt forms of peer
victimization: A multiinformant approach [J] . Journal of Consulting
and Clinical Psychology, 1998, 66（2）: 337-347.

Crick, N. R., & Dodge, K. A.. A review and reformulation of social
information- processing mechanisms in children's social adjustment [J] .
Psychological Bulletin, 1994, 115（1）: 74-101.

Crick, N. R., & Grotpeter, J. K.. Relational aggression, gender, and
social-psychological adjustment [J] . Child Development, 1995, 66

（3）：710-722.

Crick, N. R., Ostrov, J. M., Burr, J. E., et al. A longitudinal study of relational and physical aggression in preschool［J］. Journal of Applied Developmental Psychology, 2006, 27（3）：254-268.

Crockenberg, S. C., Leerkes, E. M., & Lekka, S. K.. Pathways from marital aggression to infant emotion regulation: The development of withdrawal in infancy［J］. Infant Behavior and Development, 2007, 30（1）：97-113.

Cross, C. P., & Campbell, A.. The effects of intimacy and target sex on direct aggression: Further evidence［J］. Aggressive Behavior, 2012, 38（4）：272-280.

Cummings, E. M., Iannotti, R. J., & Zahn-Waxler, C.. Aggression between peers in early childhood: individual continuity and developmental change［J］. Child Development, 1989, 60（4）：887-895.

Daniel, W., Svenja, T., & Münte, T. F., et al. Neurophysiological correlates of laboratory-induced aggression in young men with and without a history of violence［J］. PLoS ONE, 2011, 6（7）, e22599.

Darrick Jolliffe, & David P.. Farrington. Examining the relationship between low empathy and bullying［J］. Aggressive Behavior, 2010, 32（6）：540-550.

David, S., Pablo, B., Petty, R. E., et al. Trait aggressiveness predicting aggressive behavior: The moderating role of meta-cognitive certainty ［J］. Aggressive Behavior, 2019, 45（3）：255-264.

De Leeuw, R. N., Kleemans, M., Rozendaal, E., et al. The impact of prosocial television news on children's prosocial behavior: An experimental study in the Netherlands［J］. Journal of Children and Media, 2015, 9（4）: 419-434.

Delisi, M., Vaughn, M. G., Gentile, D. A., et al. Violent video games, delinquency, and youth violence new evidence［J］. Youth Violence and Juvenile Justice, 2013, 11（2）: 132-142.

Dennis, E. L., Jahanshad, N., Mcmahon, K. L., et al. Development of brain structural connectivity between ages 12 and 30: A 4-tesla diffusion imaging study in 439 adolescents and adults［J］. Neuroimage, 2013, 64: 671-684.

Denzler, M., Häfner, M., & Förster, J.. He just wants to play: How goals determine the influence of violent computer games on aggression ［J］. Personality and Social Psychology Bulletin, 2011, 37（12）: 1644-1654.

Dillon, K. P., & Bushman, B. J.. Effects of exposure to gun violence in movies on children's interest in real guns［J］. JAMA Pediatrics, 2017, 171（11）: 1057-1062.

Dodge, K. A.. Social information-processing variables in the development of aggression and altruism in children［M］// Altruism and Aggression: Social and Biological Origins.Cambridge Studies in Social and Emotional Development, Cambridge: Cambridge University Press, 1986: 280-302.

Dodge, K., Bates, J., & Pettit, G.. Mechanisms in the cycle of violence ［J］.Science, 1990, 250（4988）: 1678-1683.

Dollard, J., Doob, L. W., Miller, N. E., et al. Frustration and aggression ［J］.American Journal of Sociology, 92（7）, 1654-1667.

Dominick, J. R.. Videogames, television violence, and aggression in teenagers [J]. Journal of Communication, 1984, 34 (2): 136-147.

Donoghue, C., & Raia-Hawrylak, A.. Moving beyond the emphasis on bullying: A generalized approach to peer aggression in high school [J]. Children and Schools, 2016, 38 (1): 30-39.

Drummond, J., Waugh, W. E., Hammond, S. I., et al. Prosocial behavior during infancy and early childhood: Developmental patterns and cultural variations [J]. International Encyclopedia of the Social & Behavioral Sciences (Second Edition), 2015: 233-237.

Du, J. H.. The content of violence in cartoon and its influence on primary school children's aggressiveness [J]. International Journal of Psychology, 2016 (51): 21.

Eisenberg, N., Spinrad, T. L., & Ariel, K. N.. Prosocial development [M] // Handbook of Child Psychology and Developmental Science. Hoboken: Wiley, 2015.

Engelhardt, C. R., Bartholow, B. D., & Saults, J. S.. Violent and nonviolent video games differentially affect physical aggression for individuals high vs. low in dispositional anger [J]. Aggressive Behavior, 2012, 37 (6): 539-546.

Espelage, D. L., & Henkel, H. R. R.. Examination of peer-group contextual effects on aggression during early adolescence [J]. Child Development, 2003, 74 (1): 205-220.

Ferguson, C. J.. Do angry birds make for angry children? A meta-analysis of video game influences on children's and adolescents' aggression, mental health, prosocial behavior, and academic performance [J].

Perspectives on Psychological Science, 2015, 10（5）: 646-666.

Ferguson, C. J.. Evidence for publication bias in video game violence effects literature: A meta-analytic review [J] . Aggression & Violent Behavior, 2007, 12（4）: 470-482.

Ferguson, C. J., & Dyck, D.. Paradigm change in aggression research: The time has come to retire the general aggression model [J] . Aggression & Violent Behavior, 2012, 17（3）: 220-228.

Ferguson, C. J., Rueda, S. M., Cruz, A. M., et al. Violent video games and aggression: causal relationship or byproduct of family violence and intrinsic violence motivation? [J] . Criminal Justice and Behavior, 2008, 35（3）: 311-332.

Ferguson, C. J., San Miguel, C., & Hartley, R. D.. A multivariate analysis of youth violence and aggression: the influence of family, peers, depression, and media violence [J] . The Journal of Pediatrics, 2009, 155（6）: 904-908.

Förster, J., Liberman, N., & Higgins, E. T.. Accessibility from active and fulfilled goals [J] . Journal of Experimental Social Psychology, 2005, 41（3）: 220-239.

Freedman, J. L.. Media violence and its effect on aggression: Assessing the scientific evidence [M] . Toronto: University of Toronto Press, 2002.

Fryling, M. J., Johnston, C., & Hayes, L. J.. Understanding observational learning: An interbehavioral approach [J] . The Analysis of Verbal Behavior, 2011, 27（1）: 191-203.

Funk, J. B., Baldacci, H. B., Pasold, T., et al. Violence exposure in real-life, video games, television, movies, and the internet: Is there

Desensitization? [J] . Journal of Adolescence, 2004, 27 (1) : 23-39.

Funk, J. B., Buchman, D. D., Jenks, J., et al. Playing violent video games, desensitization, and moral evaluation in children [J] . Journal of Applied Developmental Psychology, 2003, 24 (4) : 413-436.

Geen, R. G.. Human Aggression [M] . Philadelphia: Open University Press, 2001.

Gentile, D. A., Lynch, P. J., Linder, J. R., et al. The effects of violent video game habits on adolescent aggressive attitudes and behaviors [J] . Journal of Adolescence, 2004, 27 (1) : 5-22.

Gentile, D. A., Choo, H., Liau, A., et al. Pathological video game use among youths: A two-year longitudinal study [J] . Pediatrics, 2011, 127 (2) : e319-e329.

Gentile, D. A., Groves, C., & Gentile, J. R.. The general learning model: Unveiling the learning potential from video games [M] // Learning by playing: Video gaming in education. Oxford: Oxford University Press, 2014: 121-142.

Gentile, D. A., Anderson, C. A., Yukawa, S., et al. The effects of prosocial video games on prosocial behaviors: International evidence from correlational, longitudinal, and experimental studies [J] . Personality and Social Psychology Bulletin, 2009, 35 (6) : 752-763.

Gentile, D. A., Bender, P. K., & Anderson, C. A.. Violent video game effects on salivary cortisol, arousal, and aggressive thoughts in children [J] . Computers in Human Behavior, 2017, 70: 39-43.

Gentile, D. A., Coyne, S., & Walsh, D. A.. Media violence, physical aggression, and relational aggression in school age children: A short-term longitudinal study［J］. Aggressive Behavior, 2011, 37（2）: 193-206.

Gentile, D. A., Li, D., Khoo, A., et al. Mediators and moderators of long-term effects of violent video games on aggressive behavior: practice, thinking, and action［J］. JAMA Pediatrics, 2014, 168 （5）: 450-457.

Gest, S. D., & Rodkin, P. C.. Teaching practices and elementary classroom peer ecologies［J］. Journal of Applied Developmental Psychology, 2011, 32（5）: 288-296.

Giancola, P. R., & Parrott, D. J.. Further evidence for the validity of the Taylor aggression paradigm［J］. Aggressive Behavior, 2008, 34 （2）: 214-229.

Giancola, P. R., & Zeichner, A.. Construct validity of a competitive reactiontime aggression paradigm［J］. Aggressive Behavior, 2010, 21 （3）: 199-204.

Giumetti, G. W., & Markey, P. M.. Violent video games and anger as predictors of aggression［J］. Journal of Research in Personality, 2007, 41（6）: 1234-1243.

Gong, G., Rosaneto, P., Carbonell, F., et al. Age-and gender-related differences in the cortical anatomical network［J］. Journal of Neuroscience, 2009, 29（50）: 15684-15693.

Greitemeyer, T.. Effects of prosocial media on social behavior: when and why does media exposure affect helping and aggression［J］. Current Directions in Psychological Science, 2011, 20（4）: 251-255.

Greitemeyer, T.. Effects of songs with prosocial lyrics on prosocial thoughts, affect, and behavior [J]. Journal of Experimental Social Psychology, 2009, 45 (1): 186-190.

Greitemeyer, T.. The contagious impact of playing violent video games on aggression: Longitudinal evidence [J]. Aggressive Behavior, 2019, 45 (6): 635-642.

Greitemeyer, T., & Mügge, D. O.. Video games do affect social outcomes: A meta-analytic review of the effects of violent and prosocial video game play [J]. Personality and Social Psychology Bulletin, 2014, 40 (5): 578-589.

Greitemeyer, T., & Osswald, S.. Effects of pro-social video games on pro-social behavior [J]. Journal of Personality and Social Psychology, 2010, 98 (2): 211-221.

Greitemeyer, T., & Osswald, S.. Playing prosocial video games increases the accessibility of prosocial thoughts [J]. The Journal of Social Psychology, 2011, 151 (2): 121-128.

Greitemeyer, T., & Osswald, S.. Prosocial video games reduce aggressive cognitions [J]. Journal of Experimental Social Psychology, 2009, 45 (4): 896-900.

Greitemeyer, T., Agthe, M., Turner, R., et al. Acting prosocially reduces retaliation: Effects of prosocial video games on aggressive behavior [J]. European Journal of Social Psychology, 2012, 42 (2): 235-242.

Greitemeyer, T., Osswald, S., & Brauer, M.. Playing prosocial video games increases empathy and decreases schadenfreude [J]. Emotion, 2010, 10 (6): 796-802.

Greitemeyer, T., & Cox, C.. There's no "I" in team: Effects of cooperative video games on cooperative behavior: Video games and cooperation [J]. European Journal of Social Psychology, 2013, 43 (3): 224-228.

Han, S., & Northoff, G.. Culture-sensitive neural substrates of human cognition: A transcultural neuroimaging approach [J]. Nature Reviews Neuroscience, 2008, 9 (8): 646-654.

Hapkiewicz, W. G., & Roden, A. H.. The effect of aggressive cartoons on children's interpersonal play [J]. Child Development, 1971, 42 (5): 1583.

Hart, C. H., Nelson, D. A., Robinson, C. C., et al. Overt and relational aggression in russian nursery-school-age children: parenting style and marital linkages [J]. Developmental Psychology, 1998, 34 (4): 687-697.

Hartup, & Willard, W.. Aggression in childhood: developmental perspectives [J]. American Psychologist, 1974, 29 (5): 336-341.

Hasan, Y., Bègue, Laurent, Scharkow, M., et al. The more you play, the more aggressive you become: a long-term experimental study of cumulative violent video game effects on hostile expectations and aggressive behavior [J]. Journal of Experimental Social Psychology, 2013, 49 (2): 224-227.

Hayes, A. F., Preacher, K. J.. Statistical mediation analysis with a multicategorical independent variable [J]. British Journal of Mathematical and Statistical Psychology, 2014, 67 (3): 451-470.

Hayward, S. M., & Fletcher J.. Relational Aggression in an Australian Sample: Gender and Age Differences [J]. Australian Journal of

Psychology, 2003, 55（3）: 129-134.

Higgins, J. P., Thompson, S. G., Decks, J. J., et al. Measuring inconsistency in meta-analyses ［J］. BMJ （Clinical research ed.）, 2003, 327（7414）: 557-560.

Hilgard, J., Engelhardt, C. R., & Rouder, J. N.. Overstated evidence for short-term effects of violent games on affect and behavior: A reanalysis of anderson et al ［J］. Psychological Bulletin, 2017, 143（7）: 757-774.

Hilgard, J.. Video game violence and aggression: a proven connection ［J］. Significance, 2016, 13（5）: 6-7.

Hoeft, F., Watson, C. L., Kesler, S. R., et al. Gender differences in the mesocorticolimbic system during computer game-play ［J］. Journal of Psychiatric Research, 2008, 42（4）: 253-258.

Holden, C.. Controversial study suggests seeing gun violence promotes it ［J］. Science, 2005, 308（5726）: 1239-1240.

Holl, A. K., Kirsch, F., Rohlf, et al. Longitudinal reciprocity between theory of mind and aggression in middle childhood ［J］. International Journal of Behavioral Development, 2018, 42（2）: 257-266.

Hopf, W. H., Huber, G. L., & Weiß, R. H.. Media violence and youth violence: a 2-year longitudinal study ［J］. Journal of Media Psychology, 2008, 20（3）: 79-96.

Huesmann, L. R.. Nailing the coffin shut on doubts that violent video games stimulate aggression: Comment on Anderson et al ［J］. Psychological Bulletin, 2010, 136（2）: 179-181.

Huesmann, L. R.. The impact of electronic media violence: Scientific theory and research ［J］. Journal of Adolescent Health, 2007, 41（6）: S6-

S13.

Huesmann, L. R., & Guerra, N. G.. Children's normative beliefs about aggression and aggressive behavior [J]. Journal of Personality and Social Psychology, 1997, 72（2）: 408-419.

Huesmann, L. R., Moise-Titus, J., Podolski, C. L., et al. Longitudinal relations between children's exposure to TV violence and their aggressive and violent behavior in young adulthood [J]. Developmental Psychology, 2003, 39（2）: 201-221.

Huesmann, L.R., Eron, L.D., Lefkowitz, M.M., et al. Stability of aggression over time and generations [J]. Developmental Psychology, 1984, 20（6）: 1120-1134.

Hyde, J. S.. How large are gender differences in aggression? A developmental meta-analysis [J]. Developmental Psychology, 1984, 20（4）: 722-736.

Infante, D. A.. Teaching students to understand and control verbal aggression [J]. Communication Education, 1995, 44（1）: 51-63.

Infante, D. A., & Wigley, C. J.. Verbal aggressiveness: An interpersonal model and measure [J]. Communication Monographs, 1986, 53（1）: 61-69.

Ingalhalikar, M., Smith, A., Parker, D., et al. Sex differences in the structural connectome of the human brain [J]. Proceedings of the National Academy of Sciences, 2013, 111（2）: 823-828.

Jamie, M., Ostrov, Caroline, F., et al. Gender differences in preschool aggression during free play and structured interactions: an observational study [J]. Social Development, 2004, 13（2）: 255-277.

Bingenheimer, J. B., Brennan, R.T., & Earls, F. J.. Firearm violence exposure and serious violent behavior［J］.Science, 2005, 308（5726）: 1323-1326.

Johnson, C., Heath, M. A., Bailey, B. M., et al., Adolescents' perceptions of male involvement in relational aggression: Age and gender differences［J］. Journal of School Violence, 2013, 12（4）: 357-377.

Jung, J. H., Park, J. H., & Lim, Y. M.. The effects of violent internet game usage and game overindulgence on aggressive behavior in elementary school-aged boys［J］. Korean Journal of Child Studies, 2014, 35（4）: 41-59.

Kamper-DeMarco, K. E., & Ostrov, J. M.. The influence of friendships on aggressive behavior in early childhood: Examining the interdependence of aggression［J］. Child Psychiatry and Human Development, 2019, 50（3）: 520-531.

Kapp, K. M.. Can a video game make someone nice? The positive impact of pro-social games［J］.Elearn, 2012,（11）: 1-6.

Kelley, T. L.. The selection of upper and lower groups for the validation of test items［J］. Journal of Educational Psychology, 1939, 30（1）: 17-24.

Kirkorian, H. L., Wartella, E. A., & Anderson, D. R.. Media and young children's learning［J］. The Future of Children, 2008, 18（1）: 39-61.

Kirsh, S. J.. Cartoon violence and aggression in youth［J］. Aggression and Violent Behavior, 2006, 11（6）: 547-557.

Kirsh, S. J.. Children, adolescents, and media violence: A critical look at the research [M] . Thousand Oaks: Sage Publications, 2012.

Kirsh, S. J.. The effects of violent video game play on adolescents: The overlooked influence of development [J] . Aggression and Violent Behavior, 2003, 8（4）: 377-389.

Klopfer, P. H.. Kids, TV viewing, and aggressive behavior [J] . Science, 2002, 297（5578）: 49.

Kochanska, G., Murray, K. T., & Harlan, E. T.. Effortful control in early childhood: Continuity and change, antecedents, and implications for social development [J] . Developmental Psychology, 2000, 36（2）: 220-232.

Kolbe, R. H.. Book Review: Integrating research: a guide for literature reviews [J] . Journal of Marketing Research, 1991, 28（3）: 380-381.

Kostelnik, M.. Guiding children's social development: Theory to practice [M] . 4 th ed, Delmar, 1993.

Krahé, B.. Report of the media violence commission [J] . Aggressive Behavior, 2012, 38（5）: 335-341.

Krebs, D. L., & Van Hesteren, F.. The development of altruism: toward an integrative model [J] . Developmental Review, 1994, 14（2）: 103-158.

Krahé, B., & Möller, I.. Links between self-reported media violence exposure and teacher ratings of aggression and prosocial behavior among German adolescents [J] . Journal of Adolescence, 2011, 34（2）: 279-287.

Krahé, B., & Möller, I.. Longitudinal effects of media violence on aggression and empathy among German adolescents [J] . Journal of Applied Developmental Psychology, 2010, 31（5）: 401-409.

Kung, K. T., Li, G., Golding, J., et al. Preschool gender-typed play behavior at age 3.5 years predicts physical aggression at age 13 years [J]. Archives of Sexual Behavior, 2018, 47（4）: 905-914.

Kutas, M., & Iragui, V.. The N400 in a semantic categorization task across 6 decades [J] . Electroencephalography and Clinical Neurophysiology/ Evoked Potentials Section, 1998, 108（5）: 456-471.

Lansford, J. E., Skinner, A. T., Sorbring, E., et al. Boys' and girls' relational and physical aggression in nine countries [J] . Aggressive Behavior, 2012, 38（4）: 298-308.

Lee, K. H., Baillargeon, R. H., Vermunt, J. K., et al. Age differences in the prevalence of physical aggression among 5-11-year-old Canadian boys and girls [J] . Aggressive Behavior: Official Journal of the International Society for Research on Aggression, 2007, 33（1）: 26-37.

Lei, H., Cheong, C. M., Li, S., et al. Birth cohort effects, regions differences, and gender differences in Chinese college students' aggression: a review and synthesis [J] . Journal of Autism and Developmental Disorders, 2019, 49（9）: 3695-3703.

Levy-Shiff, R., & Hoffman, M. A.. Social behavior as a predictor of adjustment among three-year-olds [J] . Journal of clinical child psychology, 1989, 18（1）: 65-71.

Lindeman, M., Harakka T., & Keltikangas-Järvinen, L.. Age and gender differences in adolescents' reactions to conflict situations: Aggression, prosociality, and withdrawal [J] . Journal of Youth and Adolescence,

1997, 26（3）: 339-351.

Li, D., Choo, H., Khoo, A., et al. Effects of digital game play among young singaporean gamers: A two-wave longitudinal study［J］. Journal For Virtual Worlds Research, 2012, 5（2）: 1-15.

Linebarger, D. L., & Vaala, S. E.. Screen media and language development in infants and toddlers: an ecological perspective［J］. Developmental Review, 2010, 30（2）: 176-202.

Rutter M., & Hay D. F.. Development through life: A handbook for clinicians［M］. England: Blacewell Scientific Publications, 1994.

Lussier, P., Corrado, R., & Tzoumakis, S.. Gender differences in physical aggression and associated developmental correlates in a sample of Canadian preschoolers［J］. Behavioral Sciences & the Law, 2012, 30（5）: 643-671.

Luther, C. A., & Legg Jr, J. R.. Gender differences in depictions of social and physical aggression in children's television cartoons in the US［J］. Journal of Children and Media, 2010, 4（2）: 191-205.

Mackinnon, D. P., & Fairchild, A. J.. Current directions in mediation analysis［J］. Current Directions in Psychological Science, 2009, 18（1）: 16-20.

Markey, P. M.. Finding the middle ground in violent video game research: lessons from Ferguson［J］. Perspectives on Psychological Science, 2015, 10（5）: 667-670.

Marshall, M. A., & Brown, J. D.. Trait aggressiveness and situational provocation: A test of the traits as situational sensitivities（TASS）model［J］. Personality and Social Psychology Bulletin, 2006, 32（8）:

1100-1113.

Martins, N., Williams, D. C., Ratan, R. A., et al. Virtual muscularity: a content analysis of male video game characters [J]. Body Image, 2012, 8 (1): 43-51.

McCabe, A., & Lipscomb, T. J.. Sex differences in children's verbal aggression [J]. Merrill-Palmer Quarterly (1982-), 1988, 34 (4): 389-401.

Mcintyre, M. H., Barrett, E. S., Mcdermott, R., et al. Finger length ratio (2D: 4D) and sex differences in aggression during a simulated war game [J]. Personality and Individual Differences, 2007, 42 (4): 755-764.

Mehta, N. G.. The sight of violence and violent action [J]. Science, 2005, 309 (5741), 1676-1677.

Meyers, K. S.. Television and video game violence: Age differences and the combined effects of passive and interactive violent media [J]. Dissertation Abstracts International The Sciences and Engineering, 2003, 63 (11B): 5551.

Mitrofan, O., Paul, M., Weich, S., et al. Aggression in children with behavioural/emotional difficulties: Seeing aggression on television and video games [J]. BMC Psychiatry, 2014, 14 (1): 287.

Morrow, M. T., Hubbard, J. A., Barhight, L. J., et al. Fifth-grade children's daily experiences of peer victimization and negative emotions: Moderating effects of sex and peer rejection [J]. Journal of Abnormal Child Psychology, 2014, 42 (7): 1089-1102.

Mößle, T., Kliem, S., & Rehbein, F.. Longitudinal effects of violent media usage on aggressive behavior—the significance of empathy [J] . Societies, 2014, 4（1）: 105-124.

Nazari, M. R., Hassan, M. S. B. H., Osman, M. N., et al. Children television viewing and antisocial behaviour: Does the duration of exposure matter? [J] . Journal of Sociological Research, 2013, 4（1）: 207-217.

Newcomb, A. F., Bukowski, W. M., & Pattee, L.. Children's peer relations: a meta-analytic review of popular, rejected, neglected, controversial, and average sociometric status [J] . Psychological Bulletin, 1993, 113（1）: 99-128.

Ogle, A. D., Graham, D. J., Lucas-Thompson, R. G., et al. Influence of cartoon media characters on children's attention to and preference for food and beverage products [J] . Journal of the Academy of Nutrition and Dietetics, 2017, 117（2）: 265-270.

Orpinas, P., Mcnicholas, C., & Nahapetyan, L.. Gender differences in trajectories of relational aggression perpetration and victimization from middle to high school [J] . Aggressive Behavior, 2015, 41（5）: 401-412.

Padilla-Walker, L. M., Coyne, S. M., Fraser, A. M., et al. Is disney the nicest place on earth? A content analysis of prosocial behavior in animated disney films [J] . Journal of Communication, 2013, 63（2）: 393-412.

Paik, H., & Comstock, G.. The effects of television violence on antisocial behavior: A meta-analysis1 [J] . Communication Research, 1994, 21（4）: 516-546.

Park, M., Choi, J., & Lim, S. J.. Factors affecting aggression in South Korean middle school students [J]. Asian Nursing Research, 2014, 8 (4): 247-253.

Parker, J. G., & Asher, S. R.. Peer relations and later personal adjustment: Are low-accepted children at risk? [J]. Psychological Bulletin, 1987, 102 (3): 357-389.

Pearl, E. S.. Parent management training for reducing oppositional and aggressive behavior in preschoolers [J]. Aggression and Violent Behavior, 2009, 14 (5): 295-305.

Peleg-Oren, N., Cardenas, G. A., Comerford, M., et al. An association be-tween bullying behaviors and alcohol use among middle school students [J]. The Journal of Early Adolescence, 2010, 32 (6): 761-775.

Penner. L. A., Dovidio. J. F., Piliavin. J. A., et al. Prosocial Behavior: Multilevel Perspectives [J]. Annual Review of Psychology, 2005, 56: 365-392.

Piaget, J.. The moral judgment of the child [M]. Kegan Paul, Trench, Trubner & Co. Ltd. 1932.

Polman, H., de Castro, B. O., & van Aken, M. A.. Experimental study of the differential effects of playing versus watching violent video games on children's aggressive behavior [J]. Aggressive Behavior: Official Journal of the International Society for Research on Aggression, 2008, 34 (3): 256-264.

Prot, S., Gentile, D. A., Anderson, C. A., et al. Long-term relations among prosocial-media use, empathy, and prosocial behavior [J]. Psychological Science, 2014, 25 (2): 358-368.

Raaijmakers, M. A. J., Smidts, D. P., Sergeant, J. A., et al. Executive functions in preschool children with aggressive behavior: Impairments in inhibitory control [J] . Journal of Abnormal Child Psychology, 2008, 36 (7) : 1097-1107.

Ramirez, J. M., Andreu, J. M., & Fujihara, T.. Cultural and sex differences in aggression: A comparison between Japanese and Spanish students using two different inventories [J] . Aggressive Behavior, 2001, 27 (4) : 313-322.

Rodkin, P. C., Hanish, L. D., Wang, S., et al. Why the bully/victim relationship is so pernicious: A gendered perspective on power and animosity among bullies and their victims [J] . Development & Psychopathology, 2014, 26 (3) : 689-704.

Rosenberg, R. S., Baughman, S. L., Bailenson, J. N., et al. Virtual superheroes: Using superpowers in virtual reality to encourage prosocial behavior [J] . PLoS ONE, 2013, 8 (1) : 1-9.

Rosenkoetter, L. I.. The television situation comedy and children's prosocial behavior [J] . Journal of Applied Social Psychology, 1999, 29 (5) : 979-993.

Rueckert, L., & Naybar, N.. Gender differences in empathy: The role of the right hemisphere [J] . Brain and Cognition, 2008, 67 (2) : 162-167.

Rueger, S. Y., & Jenkins, L. N.. Effects of peer victimization on psychological and academic adjustment in early adolescence [J] . School Psychology Quarterly, 2014, 29 (1) : 77-88.

Roden, A. H.. The effect of aggressive cartoons on children's interpersonal play [J] . Child Development, 1971, 42（5）: 1583-1585.

Ruh Linder, J., & Werner, N. E.. Relationally aggressive media exposure and children's normative beliefs: Does parental mediation matter? [J] . Family Relations, 2012, 61（3）: 488-500.

Saleem, M., Anderson, C. A., & Gentile, D. A.. Effects of prosocial, neutral, and violent video games on children's helpful and hurtful behaviors: helping and hurting [J] . Aggressive Behavior, 2012, 38（4）: 281-287.

Shibuya, A., Sakamoto, A., Ihori, N., et al. The effects of the presence and contexts of video game violence on children: a longitudinal study in Japan [J] . Simulation and Gaming, 2008, 39（4）: 528-539.

Stephen, K.. Television and video game violence: Age differences and the combined effects of passive and interactive violent media [J] . Dissertation Abstracts International: Section B: The Sciences & Engineering, 2003, 63（11-B）: 5551.

Salem, S. K.. The effects on pro-social video games on empathy [D] . California : California State University, 2010.

Salmivalli, C., & Kaukiainen, A.. Female aggression revisited: Variable- and person-centered approaches to studying gender differences in different types of aggression [J] . Aggressive Behavior, 2004, 30（2）: 158-163.

Sanson, A., & di Muccio, C.. The influence of aggressive and neutral cartoons and toys on the behaviour of preschool children [J] . Australian Psychologist, 1993, 28（2）: 93-99.

Sestir, M. A., & Bartholow, B. D.. Violent and nonviolent video games produce opposing effects on aggressive and prosocial outcomes [J] . Journal of Experimental Social Psychology, 2010, 46 (6) : 934-942.

Shafron, G. R., & Karno, M. P.. Heavy metal music and emotional dysphoria among listeners [J] . Psychology of Popular Media Culture, 2013, 2 (2) : 74-85.

Shane, M. S., Stevens, M., Harenski, C. L., et al. Neural correlates of the processing of another's mistakes: a possible underpinning for social and observational learning [J] . Neuroimage, 2008, 42 (1) : 450-459.

Shao, R., Teng, Z., & Liu, Y.. How violent video games affect prosocial outcomes: A meta-analysis [J] . Advances in Psychological Science, 2019, 27 (3) : 453-464.

Sheffield A., & Lin, L.. Strengthening parent-child relationships through co-playing video games [C] . International Association for Development of the Information Society. 2013.

Shrout, P. E., & Bolger, N.. Mediation in experimental and nonexperimental studies: new procedures and recommendations [J] . Psychological Methods, 2002, 7 (4) : 422-445.

Slater, M. D., Henry, K. L., Swaim, R. C., et al. Violent media content and aggressiveness in adolescents: A downward spiral model [J] . Communication Research, 2003, 30 (6) : 713-736.

Smith, P., & Waterman, M.. Sex differences in processing aggression words using the emotional stroop task [J] . Aggressive behavior, 2005, 31 (3) : 271-282.

Smith, P. K., Del Barrio, C., & Tokunaga, R. S.. Definitions of bullying and cyberbullying: How useful are the terms? [J] . Donna Cross, 2013, 30（5）: 26-40.

Smith, S. W., Smith, S. L., Pieper, K. M., et al. Altruism on American television: Examining the amount of, and context surrounding, acts of helping and sharing [J] . Journal of Communication, 2006, 56（4）: 707-727.

Soydan, S. B., Alakoç pirpir, D., & Azak, H.. Aggressive behaviors of 48- to 66-month-old children: Predictive power of teacher-student relationship, cartoon preferences and mother's attitude [J] . Early Child Development and Care, 2017, 187（8）: 1244-1258.

Sprafkin, J., Gadow, K. D., & Grayson, P.. Effects of viewing aggressive cartoons on the behavior of learning disabled children [J] . Journal of Child Psychology and Psychiatry, 2010, 28（3）: 387-398.

Sroufe, & Alan, L.. Psychopathology as an outcome of development [J] . Development and Psychopathology, 1997, 9（2）: 251-268.

Swing, E. L., & Anderson, C. A.. How and what do video games teach? [M] .In T. Willoughby, & E. Wood, Children's learning in a digital world. Oxford: Blackwell, 2008.

Tarabah, A., Badr, L. K., Usta, J., et al. Exposure to violence and children's desensitization attitudes in Lebanon [J] . Journal of Interpersonal Violence, 2016, 31（18）: 3017-3038.

Taylor, C. A., Manganello, J. A., Lee, S. J., et al. Mothers' spanking of 3-year-old children and subsequent risk of children's aggressive behavior [J] . Pediatrics, 2010, 125（5）: 1057-1065.

Taylor, S. P.. Aggressive behavior and physiological arousal as a function of provocation and the tendency to inhibit aggression [J] . Journal of Personality, 1967, 35 (2): 297-310.

Tear, M. J., & Nielsen, M.. Video games and prosocial behavior: A study of the effects of non-violent, violent and ultra-violent gameplay [J] . Computers in Human Behavior, 2014, 41: 8-13.

Teicher, A.. Caution, overload: The troubled past of genetic load [J] . Genetics, 2018, 210 (3): 747-755.

Teicher, M. H., Samson, J. A., Sheu, Y. S., et al. Hurtful words: association of exposure to peer verbal abuse with elevated psychiatric symptom scores and corpus callosum abnormalities [J] . American Journal of Psychiatry, 2010, 167 (12): 1464-1471.

Teng, S. K. Z., Chong, G. Y. M., Siew, A. S. C., et al. Grand theft auto IV comes to Singapore: Effects of repeated exposure to violent video games on aggression [J] . Cyberpsychology, Behavior, and Social Networking, 2011, 14 (10): 597-602.

Teng, Z. J., Nie, Q., Guo, C., et al. A longitudinal study of link between exposure to violent video games and aggression in Chinese adolescents: The mediating role of moral disengagement [J] . Developmental Psychology, 2018, 55: 184-195.

Thakkar, R. R., Garrison, M. M., & Christakis, D. A.. A systematic review for the effects of television viewing by infants and preschoolers [J] . Pediatrics, 2006, 118 (5): 2025-2031.

Thomas, A., & Chess, S.. Temperament and development [J] . Brunner/Mazel, 1977.

Toldos, M. P.. Sex and age differences in self-estimated physical, verbal and indirect aggression in Spanish adolescents［J］. Aggressive Behavior, 2005, 31（1）: 13-23.

Tomasi, D., & Volkow, N. D.. Laterality patterns of brain functional connectivity: Gender effects［J］. Cerebral Cortex, 2012, 22（6）: 1455-1462.

Toussaint, L., & Webb, J. R.. Gender differences in the relationship between empathy and forgiveness［J］. The Journal of Social Psychology, 2005, 145（6）: 673-685.

Tsorbatzoudis, H., Travlos, A. K., & Rodafinos, A.. Gender and age differences in self-reported aggression of high school students［J］. Journal of Interpersonal Violence, 2013, 28（8）: 1709-1725.

Uhlmann, E., & Swanson, J.. Exposure to violent video games increases automatic aggressiveness［J］. Journal of Adolescence, 2004, 27（1）: 41-52.

Paquette, J. A., & Underwood, M. K.. Gender differences in young adolescents' experiences of peer victimization: Social and physical aggression［J］. Merrill Palmer Quarterly, 1999, 45（2）: 242-266.

Velez, J., A.. Extending the theory of bounded generalized reciprocity: An explanation of the social benefits of cooperative video game play［J］. Computers in Human Behavior, 2015, 48: 481-491.

Wallenius, M., & Punamäki, R.. Digital game violence and direct aggression in adolescence: A longitudinal study of the roles of sex, age, and parent-child communication［J］. Journal of Applied Developmental Psychology, 2008, 29（4）: 286-294.

Fleming, M. J., & Wood, D. J. R.. Effects of violent versus nonviolent video games on children's arousal, aggressive mood, and positive mood ［J］. Journal of Applied Social Psychology, 2001, 31（10）: 2047-2071.

Waddell, N. D.. Childhood factors affecting aggressive behaviors ［D］. Electronic Theses and Dissertations-Gradworks. East Tennessee State University, 2012.

Wang, J., Iannotti, R. J., & Nansel, T. R.. School bullying among adolescents in the United States: Physical, verbal, relational, and cyber ［J］. Journal of Adolescent Health, 2009, 45（4）: 368-375.

Warburton, W. A., & Bushman, B. J.. The competitive reaction time task: The development and scientific utility of a flexible laboratory aggression paradigm ［J］. Aggressive Behavior, 2019, 45（4）: 389-396.

Wartella, E., Lauricella, A. R., Cingel, D. P., et al. Children and adolescents: Television, computers, and media viewing ［J］. Encyclopedia of Mental Health, 2016: 272-278.

Wasik, H. B.. Sociometric measures and peer descriptors of kindergarten children: A study of reliability and validity ［J］. Journal of Clinical Child Psychology, 1987, 16（3）: 218-224.

Webster, G. D., Dewall, C. N., Pond, R. S., et al. The brief aggression questionnaire: structure, validity, reliability, and generalizability ［J］. Journal of Personality Assessment, 2015, 97（6）: 638-649.

Wei, H., & Williams, J. H.. Relationship between peer victimization and school adjustment in sixth grade students: Investigating mediation effects ［J］. Violence and Victims, 2004, 19（5）: 557-571.

Whitaker, J. L., & Bushman, B. J.. "Remain calm. Be kind." Effects of relaxing video games on aggressive and prosocial behavior ［J］. Social Psychological and Personality Science, 2012, 3（1）: 88-92.

Wiedeman, A. M., Black, J. A., Dolle, A. L., et al. Factors influencing the impact of aggressive and violent media on children and adolescents ［J］. Aggression and Violent Behavior, 2015, 25（6）: 191-198.

Wu, J. H., Wang, S. C., & Tsai, H. H.. Falling in love with online games: The uses and gratifications perspective ［J］. Computers in Human Behavior, 2010, 26（6）: 1862-1871.

Yao, M. Y., Zhou, Y. H., Li, J. Y., et al. Violent video games exposure and aggression: The role of moral disengagement, anger, hostility, and disinhibition ［J］. Aggressive Behavior, 2019, 45（6）: 662-670.

Yoon, H., & Malecki, E. J.. Cartoon planet: Worlds of production and global production networks in the anime industry ［J］. Industrial and Corporate Change, 2010, 19（1）: 239-271.

Yukawa, S.. The effects of the presence and contexts of video game violence on children: a longitudinal study in japan ［J］. Simulation and Gaming, 2008, 39（4）: 528-539.

Zhang, Q., Cao, Y., Gao, J., et al. Effects of cartoon violence on aggressive thoughts and aggressive behaviors ［J］. Aggressive Behavior, 2019, 45（5）: 489-497.

Zhen, S. J., Xie, H. L., Zhang, W., et al. Exposure to violent computer games and Chinese adolescents' physical aggression: The role of beliefs about aggression, hostile expectations, and empathy ［J］.Computers in Human Behavior, 2011, 27（5）: 1675-1687.

附　录

附录一　攻击性特质量表（BPAQ）

您好！请您认真阅读下面的每一个条目，根据符合您的实际状况，请在对应的数字上画钩。其中，1—非常不符合，2—有些不符合，3—不能确定，4—有些符合，5—非常符合。非常感谢您的参与！

序号	条目	选项				
1	我的一些朋友认为我是一个暴躁的人。	非常不符合 1	2	3	4	非常符合 5
2	如果我不得不借助暴力来维护我的权利，我会这么做。	非常不符合 1	2	3	4	非常符合 5
3	当人们对我特别好的时候，我会猜测他们/她们想要什么。	非常不符合 1	2	3	4	非常符合 5
4	当我和朋友的观点不一致时，我会毫不隐瞒地告诉他们。	非常不符合 1	2	3	4	非常符合 5
5	我变得如此疯狂，以至于我破坏了很多东西。	非常不符合 1	2	3	4	非常符合 5
6	当别人不同意我的观点时，我禁不住会争论起来。	非常不符合 1	2	3	4	非常符合 5
7	我想知道为什么有时我对一些事情如此愤恨。	非常不符合 1	2	3	4	非常符合 5

序号	条目	选项				
8	偶尔，我不能控制攻击别人的冲动。	非常不符合 非常符合 1 2 3 4 5				
9	我是一个性情平和的人。	非常不符合 非常符合 1 2 3 4 5				
10	我会怀疑过于友好的陌生人。	非常不符合 非常符合 1 2 3 4 5				
11	我曾经威胁过我认识的人。	非常不符合 非常符合 1 2 3 4 5				
12	我会突然发怒，但很快就会平息下来。	非常不符合 非常符合 1 2 3 4 5				
13	如果面对过分的挑衅，我可能会打他。	非常不符合 非常符合 1 2 3 4 5				
14	当人们惹恼我时，我会告诉他们我是如何看待他们的。	非常不符合 非常符合 1 2 3 4 5				
15	我有时候会被猜忌所困扰。	非常不符合 非常符合 1 2 3 4 5				
16	对于曾经打人，我想不出任何好的理由。	非常不符合 非常符合 1 2 3 4 5				
17	有时候我觉得我在生活中得到了不公正的待遇。	非常不符合 非常符合 1 2 3 4 5				
18	我很难控制我的脾气。	非常不符合 非常符合 1 2 3 4 5				
19	当我受挫时，我会把我的愤怒表现出来。	非常不符合 非常符合 1 2 3 4 5				
20	我有时候感到人们在背后嘲笑我。	非常不符合 非常符合 1 2 3 4 5				
21	我常发现自己的意见和他人不一致。	非常不符合 非常符合 1 2 3 4 5				

续表

序号	条目	选项
22	当有人攻击我时，我会回击他。	非常不符合　　　　　　非常符合 1　　2　　3　　4　　5
23	我有时觉得自己像一个随时爆炸的火药桶。	非常不符合　　　　　　非常符合 1　　2　　3　　4　　5
24	其他人好像经常交好运。	非常不符合　　　　　　非常符合 1　　2　　3　　4　　5
25	有人逼得我太紧，以至于我们打了起来。	非常不符合　　　　　　非常符合 1　　2　　3　　4　　5
26	我知道有些所谓的"朋友们"在背后谈论我。	非常不符合　　　　　　非常符合 1　　2　　3　　4　　5
27	我的朋友说我有些好辩论。	非常不符合　　　　　　非常符合 1　　2　　3　　4　　5
28	有些时候我没有理由地发怒。	非常不符合　　　　　　非常符合 1　　2　　3　　4　　5
29	我比一般人打架多一点。	非常不符合　　　　　　非常符合 1　　2　　3　　4　　5

计分解释：一般而言，在选取的儿童整群抽样回答的分数中，总分前27%为高攻击性特质者，分数位于后27%的为低攻击性特质者。其余的为中等攻击性特质者。攻击性水平（特质）量表（Buss-Perry Aggression Questionnaire，BPAQ）。BPAQ是一个自陈式Likert 5点评定量表，用来评价个体的攻击性特质水平大小。该量表包含4个维度：身体攻击（Physical Attack，PA）、语言攻击（Verbal Attack，VA）、愤怒（Anger，A）、敌意（Hostility，H）。该量表总计29个项目，其中9和16两道题为反向计分题，每个项目从低到高分别计为1~5分（1代表非常不符合，5代表非常符合。选1计1分，选5记5分，以此类

推），得分越高表示攻击性越强。

附录二　幼儿言语攻击的访谈提纲

一、访谈目的：本访谈为了了解幼儿的攻击性水平，筛选出高攻击性特质幼儿和中等攻击性特质幼儿。

二、访谈方式：面对面的访谈。

三、访谈对象：随机分层抽选出的96名幼儿。

四、访问提纲：

（一）访谈开首语：小朋友好，现在做一个关于幼儿言语攻击现状调查的研究，最多占用你五分钟的宝贵时间来完成这个访谈。本次访谈主要通过问答形式进行，访谈内容将严格保密。为保证访谈的有效性，请真实回答每个问题，如果没有疑问的话，我们就开始吧。

（二）访谈要点：

1. 当您和同伴的观点不一致时，您会全部告诉他们吗？

2. 当别人不同意您的观点时，您会忍不住和他们争论起来吗？

3. 您会突然发怒，但是很快就平息下来吗？

4. 当别人惹恼您，让您生气时，您会告诉您对他们的看法吗？

5. 您的朋友认为您是一个喜欢争辩的人吗？

（三）访谈结束语：

再次感谢您的配合，祝您健康成长，学习进步。

附录三 动画片榜样的亲社会程度评定表

指导语：

亲爱的同学：

您好！这是关于动画片亲社会程度的评定表，请您观看动画视频后凭直觉对每部动画片进行评定，每个题项请用"√"选择一个答案。答案没有"对""错"之分，您的回答我们为您保密。谢谢！

性别：（1）男　　　（2）女

动画片 1：《万能阿曼——救难小英雄》

剧情简介：学校的攀爬架坏了，一个孩子被困在了上面，阿曼和他的工具们赶过去修攀爬架，阿曼的工具——活动扳手"劳斯"非常怕高，不敢进行工作，在大家的鼓励下"劳斯"克服了心理障碍，最后阿曼和工具们一起成功修好了攀爬架，救下了被困的孩子。

1.该动画片亲社会画面多吗？

（1）极少　　　　（2）少　　　　　（3）不确定

（4）多　　　　　（5）极多

2.该动画片亲社会内容多吗？

（1）极少　　　　（2）少　　　　　（3）不确定

（4）多　　　　　（5）极多

3.该动画片有趣吗？

（1）毫无生趣　　（2）无趣　　　　（3）不确定

（4）有趣　　　　（5）非常有趣

4.该动画片普遍受儿童欢迎吗？

（1）极不欢迎　　（2）不欢迎　　　（3）不确定

（4）欢迎　　　　　（5）非常欢迎

5. 该动画片让您感到兴奋吗？

（1）极不兴奋　　　（2）不兴奋　　　　（3）不确定

（4）兴奋　　　　　（5）非常兴奋

6. 该动画片让您感到愉悦吗？

（1）极不愉悦　　　（2）不愉悦　　　　（3）不确定

（4）愉悦　　　　　（5）非常愉悦

动画片2：《小猪佩奇》

剧情简介：在《募捐长跑》这一集中，小猪佩奇的幼儿园屋顶坏了，猪爸爸建议举办一次募捐长跑来筹钱修屋顶，最后猪爸爸通过长跑给幼儿园凑够了修房顶的钱。在《中间的小猪》这一集中，佩奇和乔治在花园里玩新游戏——小猪在中间。乔治由于年龄太小玩不好。猪爸爸帮乔治一起玩游戏，乔治有了猪爸爸的帮忙后可以接住球。佩奇让妈妈也帮助它，在爸爸妈妈的帮助下，乔治和佩奇都可以接住球。

1. 该动画片亲社会画面多吗？

（1）极少　　　　　（2）少　　　　　　（3）不确定

（4）多　　　　　　（5）极多

2. 该动画片亲社会内容多吗？

（1）极少　　　　　（2）少　　　　　　（3）不确定

（4）多　　　　　　（5）极多

3. 该动画片有趣吗？

（1）毫无生趣　　　（2）无趣　　　　　（3）不确定

（4）有趣　　　　　（5）非常有趣

4. 该动画片普遍受儿童欢迎吗？

（1）极不欢迎　　　（2）不欢迎　　　（3）不确定

（4）欢迎　　　　　（5）非常欢迎

5. 该动画片让您感到兴奋吗？

（1）极不兴奋　　　（2）不兴奋　　　（3）不确定

（4）兴奋　　　　　（5）非常兴奋

6. 该动画片让您感到愉悦吗？

（1）极不愉悦　　　（2）不愉悦　　　（3）不确定

（4）愉悦　　　　　（5）非常愉悦

动画片 3：《汪汪队立大功——狗狗拯救市长大赛》

剧情简介：韩迪纳市长故意在古微市长的船上打破了一个洞，古微市长在练习划船的时候船漏水了。她打电话向莱德寻求帮助，莱德立刻组织汪汪队一起去帮助古微市长修船、练习跑步。

1. 该动画片亲社会画面多吗？

（1）极少　　　　　（2）少　　　　　（3）不确定

（4）多　　　　　　（5）极多

2. 该动画片亲社会内容多吗？

（1）极少　　　　　（2）少　　　　　（3）不确定

（4）多　　　　　　（5）极多

3. 该动画片有趣吗？

（1）毫无生趣　　　（2）无趣　　　　（3）不确定

（4）有趣　　　　　（5）非常有趣

4. 该动画片普遍受儿童欢迎吗？

（1）极不欢迎　　　（2）不欢迎　　　（3）不确定

（4）欢迎　　　　　（5）非常欢迎

5. 该动画片让您感到兴奋吗?

（1）极不兴奋 　　（2）不兴奋 　　（3）不确定

（4）兴奋 　　（5）非常兴奋

6. 该动画片让您感到愉悦吗?

（1）极不愉悦 　　（2）不愉悦 　　（3）不确定

（4）愉悦 　　（5）非常愉悦

动画片 4:《熊出没——过年》

剧情简介:光头强想要回家过年,但是没有买到票,进不了火车站,熊大和熊二为让光头强上火车,他们故意暴露身份,让光头强偷偷溜上了火车。光头强为了救熊大和熊二没有赶上火车,最后他们一起追火车,只为送光头强回家过年。

1. 该动画片亲社会画面多吗?

（1）极少 　　（2）少 　　（3）不确定

（4）多 　　（5）极多

2. 该动画片亲社会内容多吗?

（1）极少 　　（2）少 　　（3）不确定

（4）多 　　（5）极多

3. 该动画片有趣吗?

（1）毫无生趣 　　（2）无趣 　　（3）不确定

（4）有趣 　　（5）非常有趣

4. 该动画片普遍受儿童欢迎吗?

（1）极不欢迎 　　（2）不欢迎 　　（3）不确定

（4）欢迎 　　（5）非常欢迎

5. 该动画片让您感到兴奋吗?

（1）极不兴奋　　　（2）不兴奋　　　　（3）不确定

（4）兴奋　　　　　（5）非常兴奋

6.该动画片让您感到愉悦吗?

（1）极不愉悦　　　（2）不愉悦　　　　（3）不确定

（4）愉悦　　　　　（5）非常愉悦

动画片 5：《大头儿子小头爸爸》

剧情简介：在"保护动物小分队"这一集中，大头儿子和小头爸爸在野外发现了鸟夹，大头儿子和小头爸爸成立了保护动物小分队，一起消灭伤害小动物的陷阱，最后拯救了很多小动物。在"毛蓉蓉想家了"这一集中，毛蓉蓉看到大家都可以和自己的父母一起玩，就想家了，大头儿子和小头爸爸为让毛蓉蓉高兴起来，就把毛蓉蓉的房子外面装扮成了她家的样子，让毛蓉蓉找到了回家的感觉。

1.该动画片亲社会画面多吗?

（1）极少　　　　　（2）少　　　　　　（3）不确定

（4）多　　　　　　（5）极多

2.该动画片亲社会内容多吗?

（1）极少　　　　　（2）少　　　　　　（3）不确定

（4）多　　　　　　（5）极多

3.该动画片有趣吗?

（1）毫无生趣　　　（2）无趣　　　　　（3）不确定

（4）有趣　　　　　（5）非常有趣

4.该动画片普遍受儿童欢迎吗?

（1）极不欢迎　　　（2）不欢迎　　　（3）不确定

（4）欢迎　　　　　（5）非常欢迎

5.该动画片让您感到兴奋吗?

（1）极不兴奋　　　（2）不兴奋　　　（3）不确定

（4）兴奋　　　　　（5）非常兴奋

6.该动画片让您感到愉悦吗?

（1）极不愉悦　　　（2）不愉悦　　　（3）不确定

（4）愉悦　　　　　（5）非常愉悦

后记

本书是在国家社会科学基金青年项目（17CSH006）和中央高校基本科研业务费重点项目（SWU200921）资助下的教育科学研究专著，也得到了"重庆英才计划'包干制'项目"的支持，其研究成文过程充满了困惑、兴奋与艰辛。对大众传媒与儿童社会行为关系的教育实验，我和自己的研究团队一直保持着高度的热情与执着，坚信这对减少儿童暴力行为、培养亲社会行为和促进儿童健康成长有重要的现实价值。在儿童研究过程中，我常用"不经一番寒彻骨，怎得梅花扑鼻香"来鞭策和鼓励自己，力求保持冷静、豁达与平和的心态。书稿任务初步完成，但关于大众传媒与儿童社会性发展领域的研究我会坚持到底、毕生钻研，并尝试从多角度寻求解决攻击性行为的干预预防策略，期待自己能在这一教育领域做出理论和实践贡献。

完成本著作，有许多人值得我感谢。首先，感谢西南大学教育学部领导的大力支持，让这些成果能付梓出版。其次，感谢重庆大学出版社各位编辑的辛劳付出。再次，感谢访学期间的合作导师、美国伊利诺伊大学（现工作于北卡罗莱纳大学教堂山分校）教育学院儿童心理学 Dorothy L. Espelage 教授、美国爱荷华州立大学 Douglas A. Gentile 教授对儿童攻击性行为研究的指点。感谢我的研究生高静雅、曹义、岳霄、阮佳乐、李华、徐鹤锋、杜忆莲、郭丽、汤雪、贺伦玲、赵永娜、王茜、苏子秋和本科导生刘一璐、邹云艳、吴雨潇对本著作文字的校对。感谢我的好友田京巾、潘彦谷、程刚、胡天强、郑家鲲给予我研究思路的热忱帮助。正因为有上述师友的鼓励和帮助，使我有信心从事儿童攻击行为领域的教育研究。

古人云："始生之物，其形必丑。" 我深知，完成一本著作肯定会有诸多不足，研究中也未能穷尽与媒体和攻击性心理行为教育实验中的所有混淆变量，理论探讨的深度和力度还不够，需在将来做进一步的纵向追踪研究，真正为儿童攻击性行为的教育干预实践提供有价值的科研成果，让媒体工作者、家长和教师能深刻认识媒体与儿童攻击心理及行为的密切关系，有效干预和预防儿童的攻击性行为，促进我国儿童健康快乐成长！

张　骞

2020 年 12 月于西南大学